AF454040

CICÉRONE

INDUSTRIEL ET ARTISTIQUE

DE

L'EXPOSITION DE 1839.

Première Partie

DE L'OUVRAGE AYANT POUR TITRE :

DESCRIPTION DE L'EXPOSITION

INDUSTRIELLE ET ARTISTIQUE

DE 1839,

PUBLIÉE PAR UNE SOCIÉTÉ D'INGÉNIEURS, D'ARTISTES, DE MÉCANICIENS ET D'INDUSTRIELS.

Nota. Plusieurs livraisons de cet ouvrage sont déjà rédigées, et sont accompagnées de planches gravées explicatives du texte. Le 1er volume paraîtra sous peu, et l'ouvrage sera d'autant plus promptement terminé, que les exposants mettront de l'empressement à envoyer leurs notices.

Le Cicérone se vend séparément avec sa carte.
L'ouvrage complet est de 20 fr. pour Paris, 25 fr. pour les départements, et 30 fr. pour l'étranger.

ON SOUSCRIT :

Au bureau de la SOCIÉTÉ POLYTECHNIQUE, rue de la Paix, 20,
Et chez M. RENOUARD, libraire-éditeur, rue de Tournon, 6.
1839.

DESCRIPTION

DE L'EXPOSITION

INDUSTRIELLE ET ARTISTIQUE

DE 1839,

PUBLIÉE PAR UNE SOCIÉTÉ D'INGÉNIEURS, D'ARTISTES,
DE MÉCANICIENS ET D'INDUSTRIELS.

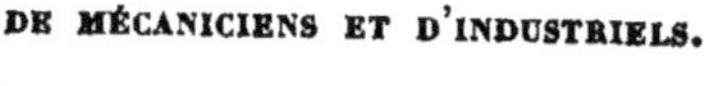

Ire Section.

RÉSUMÉ GÉNÉRAL

SUR

LES EXPOSITIONS PRÉCÉDENTES.

En nous imposant la tâche de décrire les objets qui font partie de la nouvelle exposition, nous ne faisons que continuer celle que nous avons déjà remplie avec quelque succès pour les expositions précédentes (1). — Nous nous croyons donc d'au-

(1) Nous avons déjà publié :

1° Un ouvrage en 4 volumes in-8, intitulé : *Description des Exposition de* 1839.   1.   (1re *Livraison.*)

tant mieux fondés à espérer que le public accueillera avec intérêt notre travail, que le concours d'un grand nombre d'exposants qui connaissent notre zèle et notre impartialité le rendra nécessairement plus exact et plus parfait.

Dans le but d'ajouter à son utilité, nous allons le commencer par le résumé sommaire des principales circonstances qui se rattachent à chacune des expositions qui ont eu lieu depuis l'origine jusqu'à celle de 1834.

La première remonte à l'époque du Directoire, et fit partie d'une fête nationale donnée dans le Champ-de-Mars. M. *François de Neufchateau*, alors ministre de l'intérieur, voùlant ajouter à la splendeur de cette fête, fit construire dans le Champ-de-Mars soixante portiques où les fabricants de Pa-

---

expositions des produits de l'industrie française, *faites à Paris*, *depuis leur origine jusqu'en 1819 inclusivement*, par MM. de Moléon et Lenormand. (Prix 20 fr.)

2° Un second ouvrage ayant pour titre : *Musée industriel*, description complète de l'exposition de 1834, publié par MM. de Moléon, Cochaud et Paulin-Desormeaux. (Prix 20 fr.)

3° La *Table technologique* des expositions de 1823, 1827 et 1834. (Prix 6 fr.)

Ces trois ouvrages, ornés d'un grand nombre de planches, se trouvent au bureau de la *Société polytechnique*, *rue de la Paix*, *n*. 20. M. de Moléon, directeur de cette Société, fut un des membres du jury central lors de l'exposition de 1823.

ris et des départements voisins furent admis à exposer les ouvrages les plus remarquables exécutés dans leurs ateliers. — Cette exposition, toute partielle qu'elle était, n'en eut pas moins un très grand succès, et fit au ministre qui en avait conçu l'idée une réputation de patriotisme éclairé, qui s'est accrue à mesure que les expositions faites depuis à son imitation, mais sur une beaucoup plus grande échelle, ont mieux prouvé combien elles servent aux progrès de l'industrie.

On compte huit expositions publiques des produits de l'industrie, qui ont eu lieu à Paris avant celle de 1839 :

La 1re en 1798, sous le directoire.
La 2e en 1801, sous le consulat.
La 3e en 1802, sous le consulat.
La 4e en 1806, sous l'empire.
La 5e en 1819, sous Louis XVIII.
La 6e en 1823, sous Louis XVIII.
La 7e en 1827, sous Charles X.
La 8e en 1834, sous Louis-Philippe.

La première exposition, celle de 1798, ne compta que 111 exposants.

La seconde se fit dans la cour du Louvre. On y admit 220 exposants.

A la troisième, faite dans la même cour, on en reçut 540.

La quatrième, à laquelle 113 départements concoururent, en reçut 1462. Celle-ci se fit sur l'esplanade des Invalides, et dans des salles de l'École polytechnique, alors au palais Bourbon.

Lors de la cinquième, faite dans les salles du Louvre, il y en eut 1662.

La sixième, faite également au Louvre, n'en compta que 1648.

La septième, toujours dans le même local, en eut 1695.

La huitième, celle de 1834, faite sur la place de la Concorde, a compté 2447 exposants.

Ainsi le nombre des exposants s'était élevé progressivement, en 36 ans, à une quantité vingt-deux fois plus grande que celle de la première exposition. Il tend toujours à augmenter, et sera trente fois plus fort en 1839 qu'il n'était en 1798.

Les comparaisons que sont en mesure de faire les exposants entre les produits de leurs propres ateliers et ceux d'autres ateliers où s'exerce la même industrie que la leur suffiraient seules pour stimuler l'émulation, et conduire à des perfectionnements auxquels autrement il serait difficile de pouvoir arriver. Cependant le gouvernement cherche encore à exciter cette émulation en décernant des récompenses à ceux dont les ouvrages admis à l'exposition offrent un mérite réel dans leur exécution, ou annoncent un esprit particulier d'invention. — Dès l'exposition faite sous le Directoire, des médailles furent distribuées au nom du gouvernement à 25 exposants sur

111 admis à faire figurer sous les portiques du Champ-de-Mars les produits de leur industrie.

La distribution de ces récompenses ne se fait jamais arbitrairement. Un jury central, composé de savants et de manufacturiers, examine tout ce qui fait partie de l'exposition, et c'est sur son rapport que se décernent les médailles d'or, d'argent et de bronze, aux exposants, suivant le degré d'utilité ou de mérite d'exécution qu'on a reconnu à leurs ouvrages. Souvent le jury se borne à mentionner honorablement des objets qui, sans être dépourvus de mérite, ne lui ont pas paru dignes de la médaille. Cette simple mention est une distinction et un véritable motif d'encouragement pour l'exposant qu'elle concerne.

Le nombre des médailles distribuées sur les conclusions du jury n'a pas suivi exactement la même proportion que celui des exposants aux différentes époques.

En 1798 il n'y eut que 23 médailles de décernées par cent exposants.

En 1834, pour cent exposants, il y eut 28 médailles de données.

Cette différence, à l'avantage de l'industrie, doit être attribuée à ce que la proportion des artistes et des fabricants de mérite s'est accrue encore plus rapidement que le nombre des exposants.

Le nombre des médailles décernées à chacune
des huit expositions a été en

1798,	médailles d'or et d'argent décernées,	25
1801,	médailles d'or, d'argent et de bronze,	69
1802,	—	119
1806,	—	119
1819,	—	360
1823,	—	470
1827,	—	425
1834,	—	697

Sans doute, il ne faut pas croire que les améliorations, les perfectionnements, les inventions dans
les différents genres d'industrie, soient uniquement
dus à l'essor qu'ont donné à l'imagination des fabricants ou des mécaniciens les expositions des produits
de l'industrie; mais on ne peut, sans se refuser à
l'évidence, s'empêcher de leur faire une large part
dans les causes directes des progrès remarquables
qu'ont faits depuis 40 ans parmi nous les arts et les
manufactures, dont les productions ont été placées
sous les yeux du public et facilement étudiées dans
leur exécution, et souvent dans les moyens mécaniques employés pour perfectionner leur fabrication.

Ces expositions ont dû également contribuer
puissamment à la direction qu'ont prise les têtes ac-
tives d'un nombre considérable de travailleurs pour
arriver à des découvertes, à des inventions nouvelles. — Le nombre des brevets d'invention pris l'an-

née où se fit la première exposition ne s'éleva qu'à dix. —Depuis il a continuellement augmenté, et dans une telle proportion, qu'en 1834 il fut de 576, et qu'aujourd'hui on compte qu'il se prend par jour, terme moyen, deux nouveaux brevets, ou plus de 700 dans l'année. — Les inventions pour lesquelles ils sont obtenus, souvent dues à des idées que l'inspection de quelque objet admis à l'exposition a fait naître, viennent à leur tour prendre rang dans quelque exposition nouvelle, et c'est ainsi que s'augmentent et s'enrichissent celles qui se succèdent.

Nous avons vu que la première exposition, quoique n'étant qu'un simple essai, avait eu un très grand succès.

La seconde, qui se fit à une époque où le ministère de l'intérieur était dirigé par M. *Chaptal*, devait présenter et présenta en effet un plus grand intérêt. Plus de la moitié des départements y avaient envoyé des produits de leurs manufactures, et le nombre de ceux qui furent jugés d'une exécution assez parfaite pour mériter aux fabricants une récompense nationale fut, comme celui des exposants, plus que double de ce qu'il avait été en 1798.

La troisième exposition, faite également sous le ministère de M. *Chaptal*, offrit à la curiosité et à l'admiration publique les produits de l'industrie de 540 manufacturiers, fabricants, mécaniciens et artistes, rivalisant dans tous les genres, non seulement par les soins apportés dans la fabrication des ouvrages sortis de leurs ateliers, mais par l'attention donnée au choix des matières premières employées à cette fabrication.

La quatrième exposition, celle de 1806, faite sous le ministère de M. *de Champagny*, à une époque où l'empire français se composait de 113 départements qui, presque tous, envoyaient des produits de leur industrie, fut plus nombreuse et plus brillante que les trois précédentes. Cent quatre-vingts portiques construits sur la grande place des Invalides, et onze salles d'un établissement public, suffirent à peine pour contenir les objets de toute nature qui montraient l'étendue des progrès faits par l'industrie française dans les huit années seulement qui s'étaient écoulées depuis la première exposition. — A l'occasion de cette exposition, le jury central fut augmenté et porté à 22 membres, afin qu'il s'y trouvât des savants et des artistes en état de juger les nouvelles branches d'industrie dont la France s'était enrichie. — On fit un changement dans les encouragements, et on décida qu'il y en aurait de cinq genres différents.

1° Des médailles d'or; il en fut décerné 27.

2° Des médailles d'argent de première classe, 63.

3° Des médailles d'argent de deuxième classe, 53.

4° Des mentions honorables, 326.

5° De simples citations, 44.

Les quatre premières expositions ont été faites à une époque où la France, en guerre avec l'Angleterre et avec la plupart des puissances continentales, ne pouvait faire des progrès en industrie qu'autant qu'ils étaient le résultat des études théoriques de ses savants, et de l'application qu'en faisaient les manufactures et les fabriques. — La comparaison des procédés employés dans d'autres pays aussi ou plus avancés que nous dans les arts qui exigent l'emploi des machines ne pouvait pas aider nos industriels à perfectionner leurs moyens de produire. Cependant, dès 1798, nous avions les porcelaines de Sèvres, les toiles de Jouy, les ouvrages sortant des presses de Didot, les montres de Bréguet, les instruments de précision de Lenoir, et beaucoup d'autres produits supérieurs, ou pouvant rivaliser avec ce qui se fait de mieux dans les mêmes genres en Angleterre et ailleurs. — Dès 1802, les laines provenant du troupeau de Rambouillet avaient permis de fabriquer des draps aussi beaux que ceux provenant des plus belles laines de Ségovie. — A cette époque, la France s'était approprié plusieurs genres d'industrie qu'exerçaient avant cela exclusivement des étrangers. Une fabrique de maroquins, établie à Choisy-le-Roi, donnait des produits meilleurs que ceux, jusque là si renommés, qu'on tirait du Levant. — Un fabricant de limes, *Raoul*, était parvenu à en faire qui l'emportaient sur les limes anglaises. D'autres grandes améliorations avaient été faites dans les différentes branches de l'industrie.—Beaucoup d'autres se firent dans l'intervalle de treize ans qui sépara la quatrième exposition de la cinquième. — Celle-ci, qui n'eut lieu qu'en 1819, montra mieux encore que toutes celles qui l'avaient précédée les grands progrès de l'industrie française. — Le Louvre, que M. *Decazes*, alors ministre de l'intérieur, avait destiné et fait préparer pour recevoir tous les objets admis à cette exposition, vit ses salles, au rez-de-chaussée et au premier étage, entièrement occupées par des produits venus de tous les points de la France, non pas telle que l'avait faite Napoléon, mais réduite à ses anciennes limites, et ne formant plus que 87 départements. — Il serait trop long de nommer tout ce que cette exposition offrait à la curiosité en objets dont la fabrication était encore nouvelle en France.—Nous ne citerons que les châles de cachemire, qui pouvaient rivaliser avec ceux qui jusque alors ne se fabriquaient que dans l'Inde, où l'on ne pouvait s'en procurer qu'en les payant à très haut prix.

La sixième exposition, celle de 1823, eut lieu sous le ministère de M. *de Corbière*, et occupa, comme la précédente, le rez-de-chaussée et le premier étage du Louvre. Elle surpassa toutes celles qui l'avaient précédée, tant par le nombre que par l'importance des objets qu'elle fit paraître aux regards émerveillés du public. — Soixante-treize départements seulement avaient concouru à composer cette exposition, où l'on vit pour la première fois des échantillons de soie provenant d'une nouvelle espèce de ver apportée de la Chine, et qui s'est répandue très rapidement dans les départements du midi. — La soie qu'elle donne, et qu'on désigne sous le nom de *sina*, est plus abondante et plus belle que celle des autres espèces de vers connues en France.

La septième exposition l'emporta encore, s'il est possible, sur la précédente par le nombre et la perfection des objets manufacturés, des machines, des préparations chimiques, etc., qu'on y remarqua.— Enfin la huitième, celle de 1834, pour laquelle des salles magnifiques, mais temporaires, avaient été construites sur la place de la Concorde, a montré que les progrès de l'industrie, loin d'avoir été arrêtés par les événements politiques, semblaient avoir marché encore plus rapidement. Six cent quatre-vingt dix-sept médailles décernées à autant d'exposants distingués entre les 2447 dont les produits avaient été admis à l'exposition prouvent assez combien il existe d'émulation dans toutes les classes industrielles, et combien est grand le nombre de ceux dont les travaux sont exécutés avec assez d'intelligence et de perfection pour être jugés dignes d'une récompense nationale. On peut prévoir d'avance que le nombre va encore s'accroître pour l'exposition de 1839, où la totalité des exposants excédera, dit-on, de 1100 à 1500 celle de l'exposition de 1834. Le jury central qui aura à prononcer sur le mérite d'un si grand nombre d'ouvrages admis dans les vastes salles construites dans les Champs-Elysées se compose des savants et des industriels distingués dont voici les noms par ordre alphabétique.

MM.

1. D'Arcet, membre de l'Institut, commissaire général des essais à la Monnaie de Paris.
2. Barbet, membre de la chambre des députés et du conseil général du commerce.
3. Baudin, membre de la chambre des députés.
4. Blanqui (Adolphe), professeur du Conservatoire des arts et manufactures, membre de l'Institut.
5. Bosquillon, manufacturier.
6. Brongniart (Alexandre), membre de l'Institut, directeur de la manufacture royale de Sèvres.
7. Clément-Desormes, professeur du Conservatoire royal des arts et métiers.
8. Cordier, membre de l'Institnt, inspecteur général des mines.
9. Cunin-Gridaine, membre de la chambre des députés et du conseil supérieur du commerce.
10. Delaborde (Léon), membre du comité des monuments historiques et des arts au ministère de l'instruction publique.
11. Delaroche (Paul), membre de l'Institut.
12. Dufau, membre du conseil général des manufactures.

13. Le baron Charles Dupin, pair de France, membre de l'Institut.

14. Fontaine, architecte, membre de l'Institut.

15. Gay-Lussac, pair de France, membre de l'Institut et du comité consultatif des arts et manufactures.

16. Girod (de l'Ain, Félix), membre de la chambre des députés.

17. Le vicomte Héricart de Thury, membre de l'Institut, inspecteur général des mines.

18. Kœchlin (Nicolas), membre de la chambre des députés et du conseil général des manufactures.

19. Legentil, membre de la chambre des députés et du conseil général du commerce.

20. Meynard, membre de la chambre des députés et du conseil général des manufactures.

21. Migneron, inspecteur général et membre du conseil des mines.

22. Payen, ancien manufacturier.

23. Petit, ancien manufacturier.

24. Pouillet, membre de la chambre des députés, membre de l'Institut et professeur au Conservatoire royal des arts et métiers.

25. Renouard (Jules), libraire, juge au tribunal de commerce de la Seine.

26. Saint-Cricq, membre du conseil général des manufactures.

27. Salandrouze, membre du conseil général des manufactures.

28. Savart, membre de l'Institut et du comité consultatif des arts et manufactures.

29. Schlumberger, secrétaire du comité consultatif des arts et manufactures.

30. Le baron Séguier (Armand), membre de l'Institut et du comité consultatif des arts et manufactures.

31. Tarbé de Vauxclairs, pair de France, conseiller d'état, inspecteur général des ponts et chaussées.

32. Le baron Thénard, pair de France, membre de l'Institut et du comité consultatif des arts et manufactures.

33. Yvart, inspecteur général des écoles vétérinaires.

34. Cavez, négociant.

35. Chevreul, membre de l'Académie.

36. Dumas, membre de l'Académie.

37. Griolet (Eugène), membre du comité général des manufactures.

38. Mouchel (de l'Aigle), membre du comité général des manufactures.

IIᵉ Section.

APERÇU DE L'EXPOSITION DE 1839.

(PARIS ET LES DÉPARTEMENTS.)

—

Quelle qu'ait été l'importance des expositions précédentes, et l'intérêt qu'elles ont présenté, celle de 1839 l'emportera indubitablement sur elles par les améliorations, les perfectionnements, les procédés nouveaux introduits dans la fabrication d'une multitude d'ouvrages, autant que nous sommes déjà certains qu'elle l'emportera par le nombre des exposants et celui des objets exposés.—Déjà il est constaté que, seulement pour Paris, 2049 personnes sont admises à y faire figurer les produits de leur industrie, tandis qu'en 1834 il n'y en eut que 1379. —Si la proportion des exposants venus des départements a éprouvé le même accroissement, leur nombre s'élèvera à près de 1600, et la totalité sera pour le royaume entier de plus de 3600. — Très vraisemblablement les vastes salles destinées à contenir, indépendamment de la foule des visiteurs, un aussi grand nombre d'exposants et une quantité bien plus considérable encore d'objets exposés, dont beaucoup exigent un emplacement considérable, ont été construites sur une assez grande échelle pour que tout ce qui doit faire partie de l'exposition

se trouve placé convenablement, et que chaque objet puisse être vu et examiné, et aussi pour que le
public puisse circuler librement, et même s'arrêter
devant les objets qui attirent sa curiosité. — Mais,
quelque bien conçu que puisse être le plan de ces
édifices, quelque grandioses qu'ils puissent paraître, lorsqu'on réfléchit à l'énormité des frais qu'en-
traînent ces constructions, qui ne peuvent être que
provisoires, on ne peut s'empêcher de regretter qu'on
n'ait pas encore réalisé l'idée, qui a dû se présenter
naturellement dès l'origine, de consacrer à ces so-
lennités, dont le retour périodique est maintenant
fixé à une fois tous les cinq ans, un édifice, ou plutôt un palais permanent, et disposé de manière à
pouvoir remplir, aux époques déterminées, l'objet
spécial auquel il serait destiné, et servir, pendant
l'intervalle des expositions, à quelque emploi d'u-
tilité publique. —Ce vœu que nous formons est celui de tous les bons esprits qui s'occupent des ques-
tions d'économie, et il est impossible que le gouvernement ne finisse pas par le réaliser. — Quoi
qu'il en soit, l'exposition actuelle ne peut manquer
d'être extrêmement brillante, et les détails dans lesquels nous entrerons sur tous les objets importants
qui en font partie offriront nécessairement un vif
intérêt aux amis de l'industrie et des progrès qu'elle
continue à faire en France.—Nous nous bornerons,
dans cette première livraison, qui n'est que le pré-
ambule et le frontispice du monument que nous

élevons à l'exposition de 1839, à donner un simple aperçu des richesses qu'elle offrira à la curiosité publique.

Le département de la Seine, Paris spécialement, qui donne à lui seul les cinq neuvièmes des exposants, soutient avec avantage, dans l'immense quantité de produits qu'il expose, le renom que lui a mérité la marche toujours progressive suivie par les différentes branches d'industrie qu'y exercent avec un talent remarquable tant de fabricants, de manufacturiers, de mécaniciens, tant d'hommes ingénieux qui s'occupent de recherches et de découvertes utiles.

L'horlogerie, l'orfévrerie de luxe, les instruments de précision propres à mesurer le temps ou à d'autres usages; divers tissus, et particulièrement les châles imitant ceux de l'Inde, avec lesquels ils rivalisent pour la beauté de l'exécution, et même pour la vivacité et la solidité des couleurs; des machines en grand nombre; des appareils de tout genre, anciens et perfectionnés, ou nouvellement imaginés; des produits chimiques, des préparations alimentaires d'une grande utilité, mille et mille ouvrages destinés au luxe ou aux usages communs des ménages, fixeront l'attention et exciteront l'admiration générale.

Les départements qui avoisinent Paris, ceux mêmes qui en sont éloignés, et que des déplacements onéreux pourraient en détourner, fournissent un contingent très considérable et également remarquable à l'ensemble de l'exposition. Le Gard, l'Isère, le Vaucluse, l'Ardèche, l'Ain et les autres départements qui cultivent la soie, y ont envoyé des échantillons des produits de leurs magnaneries. — Lyon a voulu que ses riches tissus, ses magnifiques broderies, y figurassent. — Les départements qui ont des établissements spéciaux pour l'éducation des mérinos et des autres moutons de belle race ont fourni des échantillons des laines précieuses qu'ils obtiennent. Mulhouse, Rouen, Tarare, toutes les grandes fabriques de toiles blanches ou peintes, de cotonnades, de toiles, de bonneterie, ont été admises à exposer leurs produits. Sedan, Elbeuf, Louviers, et même Carcassonne, y ont envoyé de leurs draps. Les papeteries d'Angoulême, d'Annonay, d'Auvergne, celles du Loiret et du département de l'Eure, y ont mis des échantillons de leurs diverses sortes de papiers. On y verra des cristaux des fabriques de la Lorraine et du département de Saône-et-Loire. La Haute-Marne, la Nièvre, le Cher et les autres pays à usines, ont fourni des fers travaillés au marteau ou passés au laminoir. Enfin, il n'est pas de genre d'industrie, dont les produits soient transportables, qui n'ait répondu à l'appel qui a été fait par le gouvernement, et qui n'ait voulu concourir à une exposition où les Français et les étrangers pourront juger les grands progrès qu'ont faits depuis cinq ans tous les arts industriels dans le royaume.

En jetant un coup d'œil général sur l'édifice des

une à recueillir tant de richesses , on ne pourra pas disconvenir que le gouvernement n'ait été à la hauteur de sa mission. Il nous suffira , pour s'en convaincre, de donner une description sommaire de ce nouveau temple élevé à la gloire de nos industriels.

IIIe Section.

DESCRIPTION DES SALLES DE L'INDUSTRIE.

Jusqu'à présent les salles d'exposition des produits de l'industrie nationale avaient été construites sur des emplacements qui ne permettaient point de les réunir , et d'en former un ensemble complet. Dans l'origine même , elles ne consistaient qu'en une sorte de portique ou galeries à jour, sous lesquelles étaient rangées les boutiques des exposants , closes d'un seul côté, et ouvertes de l'autre, où le public circulait. C'est ainsi qu'on les a vues disposées au Champ-de-Mars en 1798 , à l'esplanade des Invalides en 1801 , et à la première exposition dans la cour du Louvre.

. Sous le rapport architectural , cette disposition n'était pas sans attrait ; elle se mariait parfaitement avec l'ensemble des fêtes nationales dont elle faisait partie. Mais elle était plutôt foraine que spéciale ; elle ne satisfaisait pas à tous les genres d'industrie, et nombre de produits n'y étaient point appréciés à leur juste valeur par la difficulté d'approcher des objets, et l'impossibilité de procéder à aucune expérience. Les variations de température qui surviennent si fréquemment dans notre climat furent encore une des causes les plus impérieuses des changements qu'il fallut apporter dans la construction des galeries. Aussi, plus tard, reconnut-on la nécessité de les transformer en des salles closes de toutes parts, où les exposants et le public étaient en même temps à l'abri. Toutefois, la nature des localités choisies avait encore obligé de les séparer. L'affluence n'y était pas égale. Les visiteurs, fatigués par la presse qu'ils y éprouvaient, et redoutant le trajet de l'une à l'autre, sur une place rétrécie où la circulation des voitures ne pouvait être interdite, ne faisaient leur examen qu'imparfaitement, et au grand détriment de l'industrie, qui ne recueillait point ainsi les fruits complets de l'exposition publique. Ces inconvénients sont ceux que l'on a remarqués aux quatre pavillons qui furent élevés sur la place de la Concorde à la dernière exposition.

Cette année, M. Moreau, architecte du gouvernement, a été mis plus à l'aise par le choix de l'emplacement du grand carré des Champs-Élysées. Cette vaste enceinte, si bien située au milieu de la plus grande promenade des Parisiens, lui a permis de donner au bâtiment toute l'extension qu'il comportait.

Instruit par l'expérience des années précédentes; et par les études qu'il avait déjà faites de ce genre de construction, M. Moreau est arrivé à reunir toutes les conditions qui lui sont nécessaires, et dont la plus essentielle était de rassembler sous un même toit les diverses localités consacrées à l'exposition.

Non seulement il a satisfait à cette donnée si impérieuse de son programme; mais il l'a remplie de la manière la plus heureuse, en donnant à chaque section l'étendue convenable, et à chaque industriel l'espace dont il avait besoin, et, de plus, en disposant l'ensemble de telle sorte que, sans encombrement ni confusion, le public peut jouir d'un seul coup d'œil de l'aspect général de l'exposition. (*Voir* pl. 1 à 5, représentant le plan d'ensemble et des quatre divisions principales.)

Rien de plus magnifique ni de plus imposant que le tableau qui s'offre aux regards du spectateur, dès son entrée dans l'édifice. Toutes les richesses de notre industrie se présentent à la fois, et excitent également l'admiration de l'observateur. Son embarras serait grand s'il devait n'obéir qu'à sa première impulsion pour procéder à son examen; mais l'ordre admirable qui a présidé à l'arrangement intérieur des divisions le tire bientôt d'incertitude, et lui indique la marche qu'il doit suivre dans sa tournée.

Extérieurement, l'ensemble de l'édifice offre l'aspect d'un bâtiment compacte, de forme parallélogrammique, ayant 185 mètres de face sur 82 mètres de profondeur.

La façade est tournée parallèlement à la grande avenue des Champs-Élysées. Elle offre cinq ouvertures principales, dont quatre répondent aux axes des quatre grandes divisions dans lesquelles ont été classés les divers produits des exposants, et la cinquième occupe le point milieu de l'édifice, et donne accès à sa partie centrale. Cette dernière a été décorée d'un péristyle saillant, qui distingue et annonce l'entrée principale.

Les entrées des quatre grandes salles spéciales ont deux issues : l'une d'accès, l'autre de sortie, pour éviter la confusion. Les portes sont pratiquées dans un vitrage de même étendue en hauteur et largeur que les salles intérieures. Par ce moyen, l'édifice est éclairé et aéré au dedans aussi bien que sa destination l'exigeait.

Le style de la façade est simple et élégant tout à la fois. L'architecte n'a eu recours pour sa décoration qu'aux seuls éléments de la construction. L'acrotère continu qui couronne la façade est divisé par compartiments, où sont placés des inscriptions et des bas-reliefs en grisaille, qui annoncent aux visiteurs la répartition et le classement des objets placés à l'intérieur. Les bas-reliefs, ingénieusement conçus par l'architecte, ont été exécutés avec bonheur par M. Gosse, dont le talent est apprécié par le public. Les différentes branches de l'industrie sont représentées par des enfants ou petits génies, exécutant eux-mêmes les opérations manuelles et théoriques qui ont amené ces riches productions. Ainsi du dehors même de l'édifice l'exposition s'annonce, et le public peut déjà se former une idée de l'ordonnance de la belle collection qu'il est appelé à juger. (*Voir* les planches 6 à 10, où sont représentées les allégories des arts et métiers.)

Mais c'est à l'intérieur que se déploie toute la magnificence du spectacle auquel il est convié. La disposition la plus remarquable, et en même temps caractéristique, du bâtiment élevé cette année, est la grande et belle galerie transversale qui occupe toute l'étendue de la façade, et qui sert de vestibule commun aux cinq grandes divisions dont l'édifice se compose. C'est de là que l'œil plonge en même temps dans toutes ses parties, et que l'esprit embrasse d'un seul jet les innombrables ressources du génie national dans tous les genres, quelles que soient leur complication et leurs difficultés.

C'est en partant de cette espèce de grand foyer, et en y revenant sans cesse, que l'observateur peut successivement parcourir toutes les galeries. S'il a commencé par une des extrémités, et qu'il soit parvenu à l'autre bout, il aura passé en revue toutes les sections, sans qu'aucun objet lui ait échappé. Ce résultat était sans contredit celui qu'il était le plus important d'obtenir. Il est bien entendu que cela n'empêche pas le visiteur que la curiosité ou des raisons particulières attirent vers un point déterminé de s'y transporter directement.

Nous n'avons pas besoin de dire que les dispositions spéciales à chaque salle ont été combinées avec autant de justesse que de convenance; les arrangements de détail ont dû se présenter comme d'eux-mêmes à l'artiste qui en avait si bien conçu l'ensemble.

Les combinaisons du plan général amenaient nécessairement des cours entre les salles d'exposition, d'où celles-ci tirent leurs jours et leurs moyens de ventilation. Ces cours ont fait ressource pour placer les modèles qui sont de grandeur d'exécution, et qu'on peut ainsi expérimenter à part sans causer d'encombrement.

Nous devons faire remarquer que, bien que la disposition du nouveau pavillon de l'industrie ait été méditée sous le point de vue le plus large et le plus grandiose par rapport à sa destination, cependant l'architecte n'est point sorti des limites convenables relativement à la décoration. Rien n'est de luxe parasite dans tout cet ensemble, et les moyens d'exécution ont été subordonnés à ce qu'exigeait une construction temporaire dont la dépense était fixée. Nous n'hésitons point à dire qu'entre tous les objets nouveaux dont l'industrie française va s'enrichir cette année, le bâtiment qui les reçoit est lui-même une production remarquable des arts, qui prouve que le bel art de l'architecture est en voie de progrès, qu'il devra principalement à l'exacte observation des convenances et des besoins de l'époque.

IVᵉ Section.

GUIDE A SUIVRE

Pour visiter les salles avec ordre, le moins de fatigue, et pour ne pas revenir sur ses pas.

—

Les personnes qui ont l'expérience des choses de ce monde savent que c'est un art tout particulier que celui qui a pour but d'économiser son temps et ses pas.

Il y a tel individu qui, dans six visites faites à l'exposition, en a vu cent fois plus que tel autre, qui pendant deux mois y eût été tous les jours. Cela tient au talent d'observer d'une part, et de l'autre au choix qu'on fait de son itinéraire. Nous croyons être utile en traçant ici, pour les hommes studieux comme pour les gens du monde, la route que nous les engageons à suivre, pour ne pas se perdre dans ce dédale de merveilles. C'est le fil d'*Ariane* que nous mettons dans leur main.

GRANDES DIVISIONS ADOPTÉES POUR LE CLASSEMENT DES PRODUITS INDUSTRIELS ET ARTISTIQUES.

Le visiteur doit d'abord jeter un coup d'œil général sur la façade, et il verra, en se plaçant à peu près au milieu, l'indication de quatre grandes divisions : la 1re et la 2e à sa gauche, les 3e et 4e à sa droite.

La 1re division, sous le titre général de MÉCANIQUES, renferme les objets en *fer, fonte, cuivre, cuir, tôle ; les marbres, les ardoises, les briques, les pierres lithographiques, les machines à vapeur, les locomotives, les métiers, instruments aratoires, cuirs tannés et fils de fer.*

Ce que nous venons d'énumérer sont des subdivisions *principales*, auxquelles il faut rattacher tous les objets analogues. Ainsi il faut savoir qu'on trouve dans cette première division non seulement ce que nous venons d'indiquer, mais aussi tout ce qui en dépend, et dont on n'a pu mettre sur les portes qu'une partie. Cette observation s'applique aux trois autres divisions.

Celle-ci mérite surtout d'être visitée par les ingénieurs, mécaniciens, industriels, chefs de manufactures, contre-maîtres, architectes, et les étrangers studieux qui veulent connaître nos progrès dans la construction des machines.

La 2e division, sous le titre d'Objets divers, contient la *mégisserie*, *reliures*, *merceries*, *cuirs vernis*, *fleurs artificielles*, *stores*, *chapellerie*, *poteries*, *faïenceries*, *papiers peints*, *parfumeries*, *produits chimiques*, *comestibles préparés*.

Cette division, une des plus étendues, une des plus détaillées, donnera une idée exacte de tout ce que l'homme invente pour les besoins et les jouissances journalières de la vie. C'est dans les objets qu'elle renferme qu'on trouvera la preuve, cent mille fois reproduite, qu'aucun peuple ne nous surpasse maintenant pour tout ce qui concerne le *confortable*. On sait que c'est par ce mot que les Anglais désignent tout ce qui sert à satisfaire soit les besoins, soit les goûts divers qui se manifestent dans le cours de la vie. Pour être juste, il faut ajouter qu'ils nous ont montré la route qu'il faut suivre, qu'ils nous ont fourni un assez grand nombre de modèles; mais nous les avons perfectionnés, rendus avec plus de goût, et mis à des prix aussi modérés que les leurs.

C'est dans cette salle que se donneront rendez-vous d'une part les dames attirées par la vue des fleurs, l'odeur des parfums, et de l'autre les bonnes ménagères qui prendront note des prix modérés auxquels nos fabricants livrent maintenant les merceries, les poteries, les comestibles, etc.

La 3e division, sous le titre de Tissus, embrasse des industries immenses, et qui sont une des gloires de la France. Là on trouvera les *toiles peintes*, *soieries*, *mousselines*, *dentelles*, *tulles*, *gazes*, *tulles brodés d'or et d'argent*, *laines filées*, *châles*, *draps*, *mérinos*, *rouenneries*, *casimirs*, *flanelles et indiennes*.

Il va sans dire que ce sera la division la plus souvent visitée par les femmes... Que de vœux, que de souhaits, que de choix anticipés, que de promesses de cadeaux, seront faits dans cette enceinte spéciale! Qu'ils se multiplient par millions, et que les fabricants les satisfassent tous !

La 4ᵉ et dernière division, sous le titre d'OBJETS D'ART ET DE LUXE, indique d'avance que c'est la plus riche, celle qui flattera le plus l'orgueil national. Elle sera étincelante des prodiges de l'*orfévrerie*, *bronzes*, *instruments d'optique et de mathématiques*, *pianos*, *meubles*, *laques*, *horlogerie*, *cristaux*, *armes à feu et blanches*, *glaces*, *porcelaines*, *tapis et vitraux peints*.

Dans ce *Musée industriel* de l'exposition se rencontreront les artistes, les architectes, les hommes de goût, ceux qui aiment les arts d'imagination, qui les cultivent soit pour leur plaisir, soit pour se créer une existence honorable.

Ainsi, avant d'entrer, le visiteur sait déjà où de préférence il portera ses pas; mais, notre itinéraire n'étant pas pour ceux qui veulent choisir, mais bien pour ceux qui veulent tout voir, nous allons avec eux suivre la ligne indiquée sur le plan, et tellement tracée, qu'ils ne porteront pas leurs regards deux fois sur le même objet.

La porte à gauche (1re division) leur est ouverte. Ils doivent traverser la grande galerie transversale, celle qui règne tout le long de l'édifice, sans s'y arrêter, et prendre leur point de départ au point A du plan (*planches* 1 à 5) aux pilastres portant le n° 2.

Ils remarqueront que dans chaque salle les pilastres sont numérotés ; les numéros impairs placés à droite, et les numéros pairs à gauche. Ces indications suffiront pour se retrouver dans les salles, se donner des rendez-vous, ou montrer à un visiteur que tel objet se trouve à tel endroit.

Nous n'avons pas besoin de prévenir nos lecteurs que l'énumération que nous allons faire dans cette promenade technologique n'est que sommaire, et que le degré d'exactitude qu'on y trouvera dépendra du plus ou moins de dérangement qu'on aura été forcé d'opérer dans le placement des objets depuis que nous l'avons rédigée ; mais ce résumé n'en sera pas moins utile, puisque l'attention publique se portera sur les objets énumérés, et que, si on ne les trouve pas dans leur endroit désigné, on les trouvera dans le voisinage ou dans la salle destinée à renfermer les objets de la même industrie.

Le réseau de lignes qui parcourt les salles, et que nous avons désigné dans le plan par les lettres AB, CD, DF, etc., est tellement tracé, qu'en le suivant on ne reviendra pas sur le chemin déjà par-

couru. Le visiteur est censé marcher sur ces lignes,
et regarder alternativement les objets énumérés,
placés à sa droite et à sa gauche, quand il peut
faire à la fois ces deux examens. Lorsque l'espace
est trop large, nous ne l'avons obligé qu'à regarder d'un seul côté. La foule sera trop grande pour
oser espérer qu'on verra bien *à la fois* ce qui se
trouvera à la droite et à la gauche du visiteur ;
cependant, en allant de bonne heure, cela sera
possible, et la visite sera à la fois plus agréable et
plus fructueuse. Pour avoir ensuite des descriptions
précises et détaillées sur les objets exposés, nous les
renvoyons à l'ouvrage qui suivra cette introduction.
Nous conseillons d'abord de visiter les six salles et la
cour avant de parcourir la grande galerie transversale ; c'est par elle qu'on doit finir naturellement,
puisqu'elle conduit à la sortie.

Nous croyons en définitive que ce travail prélimi-
naire atteindra le but proposé. On conçoit qu'il est
encore assez fatigant de rechercher dans un livret
qui a 3,348 numéros (1) celui qui doit fixer l'attention du visiteur à la place où il se trouve. Notre soin
a donc été de réunir sous ses yeux tous les articles

---

(1) On assure que les numéros donnés primitivement aux
exposants sont changés à partir du n° 1500. Nous avons relaté
ceux qui sont dans le livret ; ainsi notre travail doit être exact.
Au surplus, nous donnons un renseignement plus certain :
c'est le nom de l'exposant.

classés entre deux colonnes ou pilastres des galeries,
pour que, dans ce petit espace, le visiteur concen-
trât son attention, et ne quittât pas la place sans
avoir vu les objets les plus remarquables qui s'y
trouvent. Tel est l'esprit dans lequel il faut lire
cet historique sommaire.

SALLE DES MACHINES. — 1re DIVISION.

Quelle que soit la salle par laquelle on entre, nous engageons le visiteur à venir se placer au point A de notre plan, à l'extrémité de la salle des machines.

En partant du point A pour suivre la ligne AB, on remarquera d'abord à sa gauche :

Pilastres nᵒ 2. Le modèle de ferme en bois et fer de M. *Polonceau*, l'un de nos plus habiles ingénieurs et industriels, n. 3,305 ; — Celui du colonel *Emy*, n. 799. — Les caractères d'imprimerie de M. *Legrand*, n. 215 ; — Ceux de M. *Fessin*, n. 948, et de M. *Colson*. — Un modèle de four pour cuire le pain de M. *Lespinasse*. — Le modèle de beffroi de M. *Eck*, auquel on doit beaucoup d'inventions utiles, n. 273 ; — Sa scierie mécanique ; — La roue à vapeur à piston et à réaction, qu'il a imaginée de concert avec M. *Janvier*. — Les moulages en plâtre d'un seul jet de M. *Vincent*, n. 1,452, objet digne d'attention. — La bouée de sauvetage de MM. *Gonfried* et *Peters*, n. 1,510. — Le spécimen de grandes affiches de M. *Thuvien*. — Les filières et tarauds de M. *Valdeck*. — Le sillomètre à marche et à recul de M. *Touboulic*. — L'instrument de M. *Chavanis* pour prendre le niveau de la surface de l'eau, n. 2,809. — La bluterie de M. *Mauvielle*, n. 3,300.

Et *vis-à-vis*, à sa droite, une très jolie collection de

mécaniques pour la fabrication de roues de toute espèce, faite par M. *Martin*. — Un appareil pour la distillation de M. *Eglot*; — Un autre pour les raffineries de sucre. — L'appareil de M. *Dufeu* pour décrotter les bottes, n. 1,024. — Les cisailles qui coupent sans chocs de M. *Gouet*, n. 1,110. — Les belles machines sorties des ateliers de MM. *De Bergue et Spréafico*, telles que les bancs à broches pour filer le lin, le métier à tisser, etc. C'est un des ateliers de Paris où l'on exécute avec le plus de soins les machines, et qui soutient le mieux sa réputation.

Pilastres n° 4. Objets de chasse et de guerre de M. *Belenger*, n. 2,895. — La serrurerie de MM. *Bricard et Gauthier*, n. 249. — Tours et outils de M. *Ribou*, n. 1,268. — Coffres-forts de *Verstaen*. — Les produits des belles fabriques de MM. *Couleaux* et *Japy* frères. — Le modèle de chaussure militaire de M. *Klein*.

Et *vis-à-vis*, les rots de MM. *Debergue, Desfrièches et Gillotin*, n. 2,316.

Pilastres n° 6. La serrurerie remarquable de M. *Fichet*. — La tréfilerie de M. *Mignard-Bellinge*, un de nos établissements recommandables de Paris. — Les fermetures de croisées de M. *Laurent*. — Cuirs vernis de MM. *Deplaye* et *Gauthier*.

Et *vis-à-vis*, le grand appareil pour conserver le grain, appelé greniers mobiles, de M. *Vallery*. Ils opèrent sur la quantité de 150 à 1,400 hectolitres, et les appareils varient depuis 1,300 jusqu'à 4,800 fr. — Appareil pour dompter les chevaux de M. *Houssay*.

Pilastres n° 8. Mécanique de **M.** *Coade* pour la fabrication de pointes.—Cadres pour fenêtres gothiques et moulures en fer très bien exécutés de **M.** *Fleury Gascon.* — Machines typographiques de **M.** *Dutartre,* n. 2,931. — Les tissus sans couture de **M.** *Bacot.* — Cuirs de **M.** *Guillois* fils.

Et *vis-à-vis*, les magnifiques produits des fabriques de **M.** *André Kœchlin* de Mulhouse, qu'il suffit de nommer pour rappeler tout ce que les arts industriels lui doivent. Dans son exposition on distingue les machines pour fabriquer le papier.

Pilastres n° 10. Métier à tricot. — Boulons de **M.** *Prud'homme.* — Métier étaleur de **M.** *Lagoguée.* — Turbine hydraulique de **M.** *Fourneyron*, moteur dont l'utilité est reconnue. — Peaux maroquins de **M.** *Vincent.*

Et *vis-à-vis*, un très beau métier à filer de **M.** *André Kœchlin.*

Pilastres n° 12. Machine à cylindre pour fouler le drap de **MM.** *J. Hall*, *Pow* et *Scott.* — Coutellerie très digne d'éloges de **M.** *Sir-Henry*, n. 216. — Presses pour les pâtes d'Italie de **M.** *Constantin*, n. 280. — Machine à chocolat. — Pompe et machine dite broyeuse de **M.** *Chomeau*, n. 271. — Peigne à tisser de **M.** *Le Nain.* — Serrures de **M.** *Grand-Homme.* — Tentures de **M.** *Girault Saint-Fargeau*, n. 1,546. — Fleurets de **M.** *Courza*, n. 3,265.

Pilastres n° 14. Produits de l'*Ecole d'Angers*, n.

1,978, qui a fourni un beau contingent : 2 machines à vapeur à basse et moyenne pression, une presse hydraulique, un tour à pédale, un étau et un modèle d'une machine à percer les métaux, exécuté avec une rare perfection. — Deux industriels attachés à cette école, l'un, M. *Dauphin*, n. 1,976, a exposé une machine planétaire ; l'autre, M. *Lehec*, n. 1,977, une machine à diviser et une varlope. — Cuirs corroyés de MM. *Merland*, *Soyer*, *Bourjat* et *Lhoste*.

Pilastres n° 16. Produits de la manufacture de M. *Mouchel* fils de l'Aigle, et les espagnolettes de M. *Furcy Marlette*, n. 1,580.

Pilastres n° 18. Modèle de phare, d'après le système de M. *Henry Le Paute*, n. 1,252. — Machine à vapeur de 6 chevaux de M. *Frey*, n. 1,103. — Objets en fonte de M. *Muel*, n. 1,762. — Moulins de M. *Giraudou*, n. 1,260. — Sellerie de M. *Lemercier*.

Arrivé au point B de la ligne, le visiteur peut saisir d'un coup d'œil une partie des objets que nous allons énumérer, et réunis à l'extrémité de cette salle, soit entre les pilastres du fond, soit au milieu de l'espace BG.

Pilastres n° 22. Machine à vapeur de M. *Saulnier* aîné, l'un des meilleurs constructeurs de Paris, et une autre de M. *Huck*. — Au dessus on remarque des stores d'une grande fraîcheur et d'un grand effet sortis des fabriques de M. *Girard*.

Pilastres n° 24. Objets en fonte de fer exécutés par M. *Calla* fils, l'un de nos plus habiles industriels, n. 724.

Pilastres n° 26. Pierres factices de M. *Pourier.* — Machine pour comprimer le blé avant la mouture. — Batteur pour nettoyer les grains de M. *Calla*, n. 805.

Vis-à-vis les pilastres n°ˢ 22, 24, 26, on trouvera la presse de M. *Pecqueur*, n. 284, propre à l'extraction du suc de betteraves, qui produit 200 hectolitres de jus en 24 heures; — Une machine à vapeur rotative du même. — Les produits de M. *Mugnier.* — Machine de *Lotz* à cylindre oscillant. — Les tuyaux en cuivre et en fer soudés. — Le générateur inexplosible de M. *Chavepeyre*, n. 263. — La machine de MM. *Schneider* frères à 12 chevaux, à haute pression et à cylindre horizontal, n. 3,347. — Les 2 presses de M. *Silbermann*, l'une connue sous le nom de presse *Hagar*, l'autre sous le nom de *Dingler*, n. 2,446. — Les engrenages de M. *Menut*, n. 1,590, et la machine à vapeur fort ingénieuse de M. *Nekepski*, exposée par le même. — La machine à cintrer les cercles de roues, n. 281.

On reprendra ensuite la ligne CD pour voir en descendant le côté opposé à celui que nous venons de parcourir, et l'on y trouvera :

Pilastres n° 15. Les pierres de M. *Meunier Journoud.* — La quincaillerie de M. *Morize.* — Les produits remarquables de M. *Hermann*, parmi lesquels nous citerons sa machine à broyer les couleurs avec cylindres en fonte ou en cristal, ou en granit, pouvant servir alternativement à broyer le savon et à le tamiser, et à broyer le chocolat; une machine pour découper le caoutchouc en fil et le dévider; une autre pour faucher le blé, une pompe circulaire, etc.

Pilastres n° 13. Serrures de luxe de *Lebihan*. — Les horloges si renommées de M. *Wagner*, n. 319. — La machine à forer le fer et la fonte, et étaux à plateforme de M. *Therien*, n. 1,100. — L'horlogerie mécanique de M. *Grenier*, n. 1,246. — Les balanciers fixes de pendules de M. *Piault*, n. 1,247. — La machine à vapeur à rotation de M. *Pelletan*, n. 1,249. Elle est sans ajustement et sans frottement, donnant de grandes vitesses, 500 fr. par force de cheval depuis 4 chevaux jusqu'aux plus grandes forces. — Le *lévigateur* qui remplace les presses pour l'extraction du sucre. Il épuise 35 milliers de betteraves en 22 heures. — L'appareil pour cuire dans le vide. On cuit 10 mille livres de sucre en 12 heures. — Fers pour fabriquer le velours de M. *Thevenin*, n. 2,523.

Vis-à-vis, le métier de M. *Pihet*, n. 282. — Les machines de M. *de Manneville*.

Pilastres n° 11. Les limes de M. *Pupil*, n. 764. — Les filières à bois de M. *Moris*, n. 1,114. — Les tours de M. *Marchand*, n. 1,156. — Les serrures de M. *Herbinot*, n. 1,084. — Les horloges de clocher de M. *Cahier*. — L'horlogerie de M. *Niot*, n. 325; — Celle de M. *Grenier*. — Les tissus de M. *Fasbender*. — Coffres-forts de M. *Courtois*.

Pilastres n° 9. Mécanique de M. *Blanchin*, n. 303; — Ses métiers à tresser, à cordes, à chaînes, à cravaches. — Les produits de M. *Piat*, n. 215, qui comprennent une machine à percer, des engrénages et un tour. — Le polissoir mobile de M. *Taillepied de la Garenne*,

n. 1,074, fondé sur un principe qui peut avoir des applications fort utiles, et que nous développerons dans l'*historique* de notre ouvrage. — La pérotine de M. *Pérot*, employée avantageusement, principalement dans les fabriques de Rouen.

Pilastres n° 7. Les filigranes de M. *Durieux*, n. 136. — Le pressoir de M. *Gourdin*. — Balances de M. *Sagnier*, n. 2,146. — Les mécaniques de M. *Labbé*. — Mécaniques de *Contamin*, n. 2,608. — Appareil de M. *Thilorier*, pour la liquéfaction et la solidification de l'acide carbonique, n. 1,599. — Echantillons de cardes du *duc de Liancourt*. — Les serrures à soupapes de M. *Soisson*, n. 778. — Machine pour former les cercles en fer de M. *Agneray*. — Tour à fileter tous les pas de vis.

Pilastres n° 5. Lanternes de voitures de M. *Nagelen*, n. 1,714. — Les toiles métalliques de M. *Gaillard frères*. — Pompe de *Stolz*, n. 293. — Machine à boucher le vin de Champagne. — Les tables-encriers de M. *Romville*. — La tabletterie mécanique de *Noel*, n. 929. — Coffres-forts de M. *Doré*. — Instruments de précision de MM. *Vande* et *Jeanray*, n. 332. — Presses à copier de M. *Poirier*, n. 819. — Tours de M. *Rouffet*.

Vis-à-vis, le coupe-chiffon de M. *Breton*, n. 2,307. — Et le moule à chandelle de M. *Cahouet*.

Pilastres n° 3. Outils de serrurerie de M. *Blanchard*. — Les produits de M. *Peugeot*. — Les modèles de M. *Philippe*. — Les serrures de M. *Grangoir*. — Les produits de M. *Mériat*. — Les presses, coffres et serrures

de MM. *Tissier* et *Beugé*, n. 270. — Le châssis vitré de
M. *Collin*, n. 731. — Les calorifères de M. *Chaussenot*,
n. 989.

Vis-à-vis, machine à cambrer les tiges de bottes de M.
Simon, n. 801.

Pilastres n° 1. Outils de taillanderie de *Jouan-
naud*, n. 762. — Limes de *Clugny*, n. 2,157. — Une
réunion de différents modèles posés sur une table, et re-
latifs à divers objets. — Un alésoir ou écarrissoir de M.
Langlassé, n. 768. — Mécaniques de tous genres de M.
Coullier, n. 809. — Serrures-pompes de M. *Letestu*, n.
2,805. — Filières et tarauds de M. *Valdeck*, n. 1,404.
Essieux de M. *Dormoy-Rohan*. — Modèle pour la navi-
gation des rivières du marquis de *Louvois*. — Machine à
ébouer les routes de M. *Masquelez*, n. 2,200.

Vis-à-vis se trouve un métier pour purger et ouvrir
les soies gréges de MM. *Vigezzy-Riva* et *Donninelli*, n.
2,517.

Arrivé en D, on doit entrer dans la grande galerie
transversale, et rentrer dans la salle des machines pour
visiter la deuxième partie, en suivant d'abord la ligne EF
du plan.

A sa gauche on verra :

Pilastres n° 29. Modèle de déversoir et déchar-
geoir de M. *Lenseigne*, n. 790. — Limes de M. *Soyer*.
— Modèles divers de M. *Tissot*. — Serrures de M. *Letestu*. — Table garnie de divers modèles. — Étamage
perfectionné de M. *Budy*. — Filoirs de M. *Loth*, n. 777.

Vis-à-vis, battant à Espolins brocheurs de MM. *Gomard*
et *Meynier*. — Les cuivres profilés de M. *Roger*, n. 278.

— Métier à tisser de M. *Schoenber*. — Le tour à graver et à réduire en creux de M. *Wohlgemulh*, n. 1,467.

Pilastres n° 27. Coffres-forts de M. *Meriet*, n. 1,262. — Peinture à l'hydroléine de MM. *Trieutet* et *Chapuis*. — Tables de modèles où l'on distingue l'échafaudage des ponts. — Produits de M. *Peugeot*. — Quincaillerie de M. *Lejeune*.

Vis-à-vis, machine à peigner la laine, objet remarquable d'un de nos industriels les plus habiles, M. *J. Collier*, et que la mort a enlevé trop tôt aux arts.

Pilastres n° 25. Serrurerie de M. *Lepaul*. — Appareils de précision de M. *Zimmer*. — Modèles divers de M. *Clair*. — Machine à clous d'épingles, pompe pour les jardins, et tamis mécaniques de MM. *Stolz*.

Vis-à-vis, banc à broches de M. *Taillade*. — Tour à graver les rouleaux de MM. *Huguenin* et *Ducommun*, n. 1,702.

Pilastres n° 25. Cylindres gravés à la molette de *Feldtrappe*, n. 670. — Produits de la fonderie de M. *Thiébaut* aîné, n. 719. — Machine à faire des perles de M. *Lebedel*, n. 1,248. Cette machine fort ingénieuse fabrique 25,000 perles en 12 heures de travail ; nous l'avons vue fonctionner avec une précision admirable. — Moules à crayons lithographiques, presses à copier et presse lithographique de M. *Quinet*. — Tour de M. *Margoz*. — Tréfilerie de M. *Colliau*.

Vis-à-vis, cylindres gravés pour papier de fantaisie de M. *Krafft*. — Garnitures de cardes de M. *Risler*

(Mathieu). — Mécanique pour cordages de M. *Chrétien*, n. 277.—Métiers à l'usage des confiseurs de M. *Guénin*, n. 1,415, fournissant 300 livres de pastilles par jour.

Pilastres nº 21. Machine à imprimer de M. *Perrot*, n. 3,149. — Coupe-chiffon de MM. *Noble* et *Clark*. —Limes de MM. *Crémière* et *Briand*.

Vis-à-vis, une scierie. — Machine à gaufrer. — Machine à papier de M. *Chapelle*, n. 791.

Pilastres nº 19. Appareil pour ôter le jus de betteraves par voie de déplacement de MM. *Sorel* et *Gautier*. — Autre appareil de cuite de M. *Vital*, n. 257. — Machine à imprimer les indiennes et les papiers de M. *Héruville*, n. 798.

Pilastres nº 17. Machine à affuter les scies de MM. *Derolan* et *Drouchin*. — Appareil mobile pour embarquer et débarquer les lourds fardeaux de MM. *Dorey* et *Mazeline* frères.

Vis-à-vis, le bel appareil de MM. *Desrone* et *Cail*, appelé *Conservateur-Evaporateur*, pour la fabrication des sucres de betteraves. — Chaînes mécaniques. — Pompes et presses hydrauliques à pression constante.

Pilastres nº 28. Objets d'optique.

Pilastres nº 30. Régulateur de vannes et pompes pour le mouillage des cannettes de tissage de M. *Marquiset* (Achille). — Machine à vapeur à haute pression et à rotule. — Battant mécanique pour tisser.

Pilastres n° 32. Appareil dans le vide à injection d'eau, système *Howard* perfectionné. — Machine à vapeur de M. *Pauwels.*

Pilastres n° 36. Système de pompe pour faire fonctionner quatre presses hydrauliques, et machine à vapeur de MM. *De Wilde* et *Buffet.* — Produits des ateliers de M. *Bourdon*, savoir : machine à vapeur, voiture locomotive, presse hydraulique pour vermicelle, etc.

Pilastres n° 38. Dynamomètre de M. *Morin.* — machines à vapeur de M. *Dietz*, n. 304; de M. *Delaveleye*, n. 1,679; de M. *Gallafent*, n. 1,095. — Tissus métalliques très remarquables de M. *A. Roswag.* — Toiles métalliques de M. *Delâge.*

Vis-à-vis, tour à tailler les écrous de MM. *Bernard* et *Bonne.* — Tubes en fer et en cuivre de M. *Grondard*, n. 205.

Pilastres n° 40. Tuyères en fer à vapeur pour le service des forges, n. 717. — Machine à haute pression de M. *Raymond*, n. 305. — Machine à vapeur de M. *Klemm*, n. 1,258; de M. *Farcot*, n. 788 (à 3 chevaux); de M. *Alexandre*, n. 816. — Ventilateur de M. *Rousset.* — Cuirs vernis de M. *Boudoin* frères.

Vis-à-vis, bancs à broyer de M. *Taillade.* — Métier à filer par engrenage.

Pilastres n° 42. Produits de la fabrique d'argent neuf et de maillechort de M. *Péchinay*, n. 171. — Système complet d'appareil de sûreté de M. *Chaussenot,*

n. 813. — La serrurerie de M. *Lefébure*, n. 247. — Armes blanches de M. *Lebat*, n. 1,398. — La taillanderie de M. *Chevalier*, n. 1,079. — La serrurerie de M. *Travers*, n. 1,581. — Toiles métalliques de M. *Montagnac*.

Vis-à-vis, les bancs à broches de MM. *Scheibel* et *Loos*.

Pilastres n° 44. Outils et armes blanches de M. *Goldenberg*, n. 2,442. — Outils et taillanderie de MM. *Delarue et Gautier*, n. 254. — Les fils à cardes de MM. *Denille* et *Legarde*, n. 644. — Cuirs de M. *Mellier*. — Chalumeaux aérhydriques de M. *Le Breton*, n. 1,229. — Quincaillerie de M. *Barré*, n. 168.

Vis-à-vis, la machine à clous de M. *Philippe*.

Pilastres n° 46. Produit de *l'école de Châlons*, qui a rivalisé avec celle d'Angers, déjà citée. On remarquera une mull-jenny pour la laine, un bobinoir, un feutreur, une petite pompe, une presse hydraulique, un générateur de machine à vapeur.

Au dessus sont placées les feuilles d'étain de M. *Claveau*, n. 166.

Vis-à-vis, n. 2,514, tondeuse longitudinale de M. *Gaveaux*. — Métier à lire de M. *Dioudonnat*, n. 296, qui a perfectionné avec beaucoup d'intelligence le métier à la Jacquart. — Remisse-régulateur à mailles mobiles de M. *Esprit*, n. 2,572.

Arrivé à ce point, le visiteur doit laisser derrière lui le buste de *Vaucanson*, et se hâter d'arriver à la cour. La porte placée à sa gauche dans la galerie transversale est marquée sur le plan.

Cour en partie couverte dépendante de la 1ʳᵉ division des mécaniques , et où sont réunis principalement les instruments aratoires , et les objets d'économie publique ou domestique (n° 1 du plan).

—

L'examen des objets qui décorent cette cour ne demande pas une attention aussi soutenue que celle qu'on apporte naturellement à l'examen de machines plus ou moins compliquées. Ces objets intéressent plus spécialement une foule d'arts et de métiers, et surtout le premier des arts, celui de l'agriculture. On y a réuni en effet les charrues, dont la variété est infinie; les instruments aratoires, tels que herses, hachepaille, voitures pour les besoins ruraux, etc., et une grande quantité de modèles qui intéressent au plus haut degré l'économie domestique.

Les citations que nous allons faire le prouveront à nos lecteurs.

On reprendra la promenade au point I, placé près l'entrée de la cour, et on suivra la ligne IJKL pour voir une partie du côté gauche. On remarquera, n. 260, une machine à broyer les graines de M. *Cournot*, et un système nouveau de meules.

Et, *vis-à-vis*, les appareils de sauvetage dans les incendies de M. *Rouget*, n. 2,732. — Ceux de M. *Guérin*, n. 1,261, si ingénieusement mis en pratique par le corps des pompiers. — Les affutages, rabots-guillaumes sans coins de M. *Paulin-Desormeaux*, n. 806, objets très remarquables, car, dans ces rabots, la lumière peut être rétrécie au fur et à mesure de l'usage, leur coupe peut être changée à volonté, et ils sont néanmoins d'un prix moindre que les rabots ordinaires, quoique durant indéfiniment.

Ruches pour abeilles de M. *Desormes*, n. 256. — Imitation de la sculpture en pierre de M. *Follet*. — Fours aërothermes de M. *Jametel*, n. 1,588. — Lavoir à foulon roulant de M. *Boulig*, n. 2,457. — Moulins de M. *Reinhadt*, n. 2,441. — Patins-nageoires de M. *Delatour*, n. 628.

En face, la balance-bascule de M. *Lemoine*, n. 1,428, et la machine à tamiser la fécule de M. *Vernier*, n. 2,468. —Machine à épurer les grains de M. *Marchon*, n. 2,473. — Le coupe-racine de M. *Mullier*, n. 2,496. — Moulin à blé de M. *Corrège*, n. 785. — Le tarare de M. *Kœnig*, n. 2,172, et, vis-à-vis, le pétrin de M. *Haizé* et sa pompe, n. 298.

La charrue-semoir de M. *Hareng*, n. 3,129. — Tarare-ventilateur de M. *Vilcoq*, n. 2,171, et, en face, coupe-paille à variations, coupe-racines, et machines à battre les grains de MM. *Mothes* frères, n. 2,196.

Pressoir cylindrique de M. *Thomas*. — Pompe rotative excentrique de M. *Foin*, n. 2,194. — Bottes et seaux imperméables préparés avec le goudron. — Pompes rotatives de MM. *Balin*, *Desvignes et C*ie, appelées *pompes françaises*, n. 812. — Modèle pour employer la force résultante du *mouvement* des arbres, où l'on verra des combinaisons ingénieuses de MM. le comte *de Mauny* et *Paulin-Désormaux*.

En face, un modèle de *guindeau* pour la marine de M. *Sterling* jeune, objet digne de l'attention des marins.

Pompes de *Thiébaut*, n. 719. — Pompe à incendie de M. *Colonia*, n. 789.

En regard, la scierie pour scier le bois de 24 pouces de large sur 10 pieds de longueur, et une autre pour scier l'ivoire de M. *Baudot*, n. 291.

La pompe à incendie de *Kress*, n. 2,096. — Les modèles divers et parfaits de M. *Clair*, n. 269.

Vis-à-vis, la pompe de M. *Hermann*. — Le métier à tordre, enfiler et couper les mèches de chandelles de M. *Benoist*, n. 3,186, — Et les pompes aspirantes de M. *Leda*, n. 290.

Pompe à jardin de M. *Dubuc*, fort simple et fort utile, n. 834.

En regard, des tamis métalliques de M. *Stolz*, n. 293.

Les roues de nouvelle invention de M. *Perrault*, n. 2,270, fabriquées avec le secours d'un cric-corne.

En face, la pompe à rotation de M. *Hussenet*, et celle de M. *Huet*, n. 289.

L'hydro-extracteur, le *pyrophage* (machine où le feu sert de moteur). — La croisée de M. *Rogé*, et les moulures pour bâtiments de M. *Morisot*, n. 2,681.

En regard, le coupe-racines, la râpe à betteraves, et la machine à broyer le noir de M. *Cambray*, n. 783.

Machine propre à la fabrication de la fécule de MM. *Saint-Etienne* père et fils, n. 286. — Le modèle de fenêtres et de persiennes qui se ferment sans qu'on soit obligé d'ouvrir les croisées des appartements. Il suffit pour cela de tirer un bouton placé à l'intérieur. Cette invention est d'autant plus remarquable que le mécanisme est fort simple et à très bon marché (n. 3,304, MM. *Winkel* et *Vollhaber*).

Vis-à-vis on trouvera les machines à concasser les grains et l'orge de MM. *Moulins* et *Bras*.

Machine à battre le trèfle et les gerbes de M. *Léonard*,

l'un de nos mécaniciens les plus distingués , et qui a répandu en France et en pays étrangers d'excellents modèles pour l'agriculture, n. 2,036.

En face, les instruments de M. *Rozé*, n. 787.

Ressorts à pivots pour fermer les portes, et , à droite, des modèles de fers à cheval.

Système de claies pour les vers à soie, et , en face, le système d'étagère pour le même objet, imaginé par M. *Davril*, n. 1,340.

Tour à dévider les cocons de M. *Robinet*, n. 1,305.— Modèle d'appareil contre l'incendie des cintres de théâtre de M. *Cuiller*, n. 631 (1).

Nous entrons ici dans la partie couverte de la cour qui correspond au point K, et nous suivons la ligne coudée KLM. A sa gauche on trouvera un fourneau pour la fabrication du café-chicorée moka de M. *Soudan*, n. 2,713.

En face, les cheminées de MM. *Millet* et *Jacquin,* n. 571 ; — Celles de M. *Barbeau*, n. 573. — Baignoires-appareils pour bains de vapeur de M. *Chevalier*, n. 586.

Appareils et calorifères remarquables pour le chauffage, d'après le système de M. *Perrève*, et auquel nous consacrerons un article spécial dans l'ouvrage qui doit suivre ce résumé , n. 300.

Vis-à-vis, l'appareil de chauffage de M. *Voitelain*, n. 575.

Fourneaux de M. *Allez*, n. 1,226; — Ceux économiques et foyers mobiles de M. *Laroche*, n. 996. — Cheminées de M. *Barbier*, n. 998; — Celles de MM. *Wegtz*,

(1) On trouvera la description de cet appareil dans le *Recueil de la Société polytechnique* (bureaux rue de la Paix, n. 20). Prix pour Paris, 30 fr.

Noyelle et *Bertrand*, n. 577. — Calorifères à grilles de M. *Cerbelaud*, n° 1,325.

En regard, les fourneaux mécaniques de M. *Grenier*, n. 566, avec les garde-robes de M. *Guinier*, n. 3,000.

Le fourneau de M. *Chevalier-Curt*, n. 574. — Les poêles pour blanchisserie de M. *Darche*, n. 2,714. — Et les fourneaux si connus de M. *Harel*, en regard de la poêlerie de M. *Faurie* fils, n. 1,496.

La cheminée avec calorifère éclaireur, et la cuisinière avec four de l'invention de M. *Irroy*. Ces appareils sont très remarquables, parce qu'ils éclairent et chauffent en même temps, avec une grande économie, et qu'ils sont destinés à faire une révolution dans cette partie de notre économie domestique.

Nous rentrons là dans la cour au point M, et nous suivons la ligne MI, en descendant, pour voir le côté parallèle à celui que nous venons de visiter.

A notre droite ou à gauche nous trouvons successivement, n. 1,670, la toiture en tôle de M. *Sirodot*. — Les ardoises faites en bitume.—Un toit recouvert en zinc de MM. *Petit* et *Mabire*, n. 1,379. — Le cuvier-lessive de M. *Duvoir*, n. 3,113. — La roue de M. *Deville*, propre aux chemins de fer et à l'artillerie, n. 685. — Les foyers économiques de M. *Roger*, n. 2,711. — Les ressorts à air comprimé de M. *Raulin*, qui coûtent moitié moins et qui sont beaucoup plus légers que les meilleurs ressorts anglais, n. 3,019.

Le modèle de barrage mobile de M. *Poirée*, habile ingénieur, n. 1,587.—Les produits de la Société des mines et fonderies de la Vieille-Montagne, n. 1,225. — Les herses tricycles de MM. *Guéret* et *Hervis*, n. 2,483.— La charrue légère de M. *Piret*, n. 2,459. — Les charrues et le grand défonceur de M. *de Raffin*, qui dirige avec une grande habileté l'établissement de Lapique, près Nevers, n. 2,581.

Charrue à régulateur de M. *Gillet*, n. 2,168; — Celle de M. *André*, n. 2,512.

La herse-râteau de M. *Lestournière*, n. 2,244; — Celle de M. *Bataille*.

En face, la machine à élever les fardeaux de M. *George* (chèvre-grue), n. 811. — Une série de charrues et d'instruments aratoires, sur lesquels on lira les noms de leurs inventeurs.

Les modèles de manteaux, capotes, tentes, pour l'armée, de M. *Bert*, n. 637.

Nous reprenons maintenant l'autre côté de la cour, et nous suivons la ligne NQ, sur laquelle se trouvent trois groupes de statues fondues dans les ateliers de M. *Muel*, et qui orneront les fontaines de la place de la Concorde. — Les nombreux produits de fers galvanisés de la fabrique de M. *Sorel*, auxquels nous consacrerons un article spécial. — Le modèle de l'obélisque de Luxor fait avec le marbre provenant des carrières de pierres calcaires exploitées à Treuzy (canton de Nemours), sous la direction habile et éclairée de M. *Guiffrey*, et exposé sous le n. 2,191 par M. *Janet et C*^{ie}. Ces échantillons doivent nous donner l'espérance que cette exploitation sera à la fois utile aux arts et à l'industrie. — Tuiles en terre cuite de M. *Courtois*, à Paris, n. 903, et les briques cintrées de M. *Courtois* d'Issy, n. 901; deux objets fort utiles, et qui méritent d'être connus.

L'appareil mesureur d'eau (hydrolitre) de MM. *Klemm* et *Torasse*, n. 1,105. — La pompe sans frottement, et, en regard, celle de M. *Caillez*, n. 2,206, qui peut, dit l'inventeur, aspirer et lancer 100 litres d'eau par minute.

La pompe de M. *d'Ambreville*, applicable à la marine, n. 2,609, et, à droite, celle de M. *Goulbier*, n. 818. — La pompe à incendie de MM. *Gailard* et *Thirion*, n. 1,412, et, en face, les jalousies mécaniques de M. *Wolff*, n. 934.

L'appareil n. 285 pour la fabrication du gaz de M. *Brocchi*, et les produits de plombs coulés de la manufacture de MM. *Voisin et C*, n. 158.

Les pierres artificielles composées par M. *Duval*, à Issy, n. 2,918. — C'est sans contredit un des objets les plus remarquables de l'exposition, et on conçoit à peine comment on peut fournir la colonne exposée pour le prix de 10 fr., sur lesquels l'inventeur déclare gagner encore 50 pour 100. — On trouvera dans la *Description* de l'exposition un article spécial sur cette utile découverte.

Statues en pierres artificielles de M. *Texier*, n. 1,549. — Les *thermodromes*, appareils pour bains de M. *Martinant de Preneuf*, n. 3,050, que nous décrirons également dans notre ouvrage. — Produits de l'établissement de M. *André*, n. 2,063. — Les tuyaux mobiles de M. *Fournier*, n. 2,799. — Briques réfractaires de M. *Bode-let Lacroix*, n. 2,430.

Arrivés au point Q, nous rentrons sous la partie couverte au fond de la cour, et nous achevons notre examen de la division des machines en parcourant la ligne QLPO.

A la droite nous remarquons, n. 598, les siéges inodores et secrets de M. *Bourg*. — Cuisinière de M. *Leplant*, n. 1,887. — Fourneaux économiques de M. *Curt*, ñ. 1,491. — Poterie réfractaire de M. *Tesson*, n. 904. — Les poêles de M. *Roche*.

En face, les garde-robes de M. *Havard*, n. 596; — Celles de M. *Durand*, n. 595. — Cheminées de M. *Bé-hard*, n. 3,042. — Appareils contre la fumée de M. *Maxant*. — Garde-robes de M. *Duhoux*, n. 1,328. — Échantillons de bois traités par les procédés ingénieux de M. *Antoine*, n. 2,946, avec lesquels il parvient à les dessécher entièrement et économiquement, car les prix ne sont que de 15 cent. par toise.

Garde-robes de MM. *Boutet* et *Gresser*, n. 2,871; — De M. *Feuillatre*, n. 2,721.

En regard, les fontaines et appareils polyfiltres de M. *Jamnet-Cornet*, n. 144. — Fourneaux de M. *Bousse-roux*, n. 568. — Garde-robes de M. *Lamotte*, n. 594, et de M. *Parrizot*, n. 1,329. — Ornements d'architecture en argile de MM. *Virebent* frères, n. 2,098. — Ferme-tures de boutiques de M. *Melzessard*, n. 780, qui nous ont paru dignes d'attention. — Epingles en bois pour l'étendage de M. *Fauve*, n. 1,154, et que les blanchisseu-ses s'empresseront d'adopter. Cet exposant a également imaginé un système de *tordage* pour le linge, qui empê-cherait les brisures et déchirures des tissus.

En face sont les modèles de gymnastiques de M. le colonel *Ambros*, créateur, comme on sait, de cet art en France, et auquel la jeunesse doit, sous ce rapport, de grandes obligations.

En rentrant sous la galerie couverte de la cour au point P, nous trouvons à droite, n. 1,099, le modèle de la chaudière de M. *Beslay*, à l'abri de toute explosion, et, à gauche, les machines à vapeur à rotation de M. *Galy-Cazalat*, n. 268. — Le modèle de chemins de fer avec wagons de M. *Serveille*, n. 1,089, exécuté d'après un système qui mérite de fixer l'attention des ingénieurs. — Le beau modèle de la locomotive de MM. *Stéhélin* et *Hubert*, n. 1,736.

A la suite on trouve les produits remarquables des forges d'*Abbainville*, — De *Decazeville*, — De *Saint-Maur*, — De la *Dordogne*, — De *Fourchambaut*, — De *Bruniquel*, — De *Grenelle*, — D'*Imphy*, — Du *Creuzot*.

Et toujours du même côté les produits divers de M. *Sorel*. — Les soufflets à double effet de M. *Pailliette*. — Une machine locomotive de M. *Faulcon*, n. 292.

De l'autre côté de la galerie, et en face des objets que nous venons d'énumérer, se trouvent les produits des forges de *Fromont*, — Des *Ardennes*, — De *Romilly*. — Les étaux de M. *Chamouton*. — Les soufflets de M. *Enfer*, n. 1,408; — Ceux de M. *Delaforge*, n. 245.

Au retour de la galerie, ligne ON, on voit à sa gauche la belle collection d'instruments de M. *Degousée*, destinés au forage des puits. — Une machine ingénieuse de M. *Desouches-Fayard* pour scier les bûches de bois, et, en regard, les instruments d'agriculture construits par M. *Arnheiter*; — Les instruments de forage de M. *Mulot*, — Et les pavés-bitumes de MM. *Perronnet* et *Saint-Etienne*, n. 1,550.

Avant de visiter la 2e division, arrêtons-nous un moment pour constater un fait résultant de l'examen de la première. C'est que nous sommes en progrès pour la construction des machines, pour les arts culinaires et du chauffage, ainsi que pour ceux qui se rattachent à la construction des bâtiments. Une foule de recherches ont été faites et se font encore sur ces derniers objets, et qui ont toutes pour but de rendre nos habitations à la fois plus solides et plus salubres, et de diminuer les causes d'incendie.

SALLE DES OBJETS DIVERS. — 2ᵉ DIVISION.

Mégisseries, reliures, merceries, fleurs, chapellerie, faïencerie, produits chimiques, comestibles, etc.

(Salle nº 2.)

—

Pour cette salle, l'examen sera plus rapide, parce que les objets sont beaucoup plus nombreux et d'une moins grande importance, et qu'ils offrent entre eux une foule de similitudes. Plusieurs places étaient d'ailleurs vides lorsque nous avons fait notre relevé, dont le complément se trouvera naturellement dans l'ouvrage qui doit suivre.

Partons du point A à gauche ; nous suivons d'abord la ligne AB, et nous verrons alternativement à gauche et à droite, entre les pilastres numérotés et sur la portion des tables correspondantes, les objets suivants :

Pilastres nº 2. Les objets empaillés par MM. *Parzudaky*, n. 1,486, et *Gannat*, n. 611, et, en regard, un beau travail de sculpture sur un nécessaire, n. 2,889.

Pilastres nº 4. Les pièces anatomiques de MM. *Thibert*, n. 606, et *Auzoux*, n. 1,504, et les cordons acoustiques de M. *Passerieux*, n. 635, invention utile et digne de remarque.

En face, la pharmacie portative de M. *Payot*, n. 1,332. — Le sac médico-chirurgical d'ambulance, n. 1,333, et les produits de M. *Rimbaut*.

Pilastres nᵒ 6. Les instruments de chirurgie de M. *Greiling*, et, vis-à-vis, les cafetières de M. *Gaudichon*, n. 1,243.

Pilastres nᵒ 8. Les machines orthopédiques de MM. *Moncourt* et *Comperot*, n. 3,002, exécutées avec une précision et des améliorations très remarquables.—Des bandages herniaires de *Wickham* et *Hart*, n. 2,881.

En regard, les boîtes à rasoirs de M. *Molerat*, n. 1,461.

Pilastres nᵒ 10. Bandage de M. *Burat.* —Corsets indélaçables.—Appareils orthopédiques de M. *Bergeron.* — Cuirs vernis et toiles cirées imperméables au caoutchouc de MM. *Couteaux* père et fils, n. 1,041.

Pilastres nᵒ 12. Mannequins perfectionnés de M. *Faure*, n. 971.

En face on distingue les fusils *Lefaucheux*, *Béringer*, *Lepage*, *Le Lion*, *Marambert*, *de La Rachée*, etc.

Pilastres nᵒ 14. Cuirs et feutres de *Heulte*, n. 101, et, vis-à-vis, la suite des produits de nos meilleurs arquebusiers, tels que *Caron*, *Lainé*, *Claudin*, *Desmyau.* —Les armes de luxe de MM. *Delebourse* et *Perinet.* —Armes à feu de MM. *Baucheron-Pirmet.*

Pilastres nᵒ 16. Toiles *anti-hygrométriques* à tableaux et impressions translucides de M. *Vallet.*

De l'autre côté, les nouvelles selles à fourches de M. *Peyrels,* n. 686.

Pilastres n° 18. Les collections de diverses perruques, parmi lesquelles nous avons distingué celles de M. *Clerville*, n. 2,834, comme étant excessivement légères, et ayant surtout la précieuse qualité de ne point se rétrécir lorsqu'elles ont été mouillées par la sueur ou la transpiration de la tête.

Dans cette case on remarquera les tentures métalliques de M. *Clancau*, n. 166.

Pilastres n° 20. Verrerie de M. *Violaine*, renommée à juste titre.

Ici l'itinéraire nous oblige de suivre la ligne BCD pour venir ensuite au point E.

Pilastres n° 22. Chapeaux *Gibus*, et, au dessus, les beaux stores de MM. *de Savary* et *Delattre*; — Ceux de M. *de Gattigny*.

Pilastres n° 24. Faïence de MM. *Masson* frères, et poterie de *Sarreguemines*.

En regard, la poterie hygiocérame de M. *Barré-Russin*, n. 1,756.

Pilastres n° 26. Produits divers de la chapellerie, où nous avons distingué les chapeaux en poil de lièvre de MM. *Roy* frères, n. 2,793; — Celle de M. *Bailly*, n. 2,838; — Celle de M. *Huault*.

En face, les porcelaines opaques de MM. *Decaen* frères.

Pilastres n° 28. Objets d'optique de M. *Soleil*.

Pilastres nᵒ 30. Perruques fabriquées selon divers procédés de MM. *Normandin*, etc.

Pilastres nᵒ 15. Manufacture de M. Saint-Cricq. — Lithographies en couleur sans retouches.

Nous reprenons ici la ligne droite EF.

Pilastres nᵒ 13. Corsets divers.
En face, les armes de MM. *Lefort , Lemoine, Michel ; Houllier-Blanchard* et *Plondeur.*

Pilastres nᵒ 11. Corsets divers.
En regard, les armes de MM. *Gauchez, Petigny, Gastine-Renette* et *Devisme.*

Pilastres nᵒ 9. Corsets.—Ombrelles.
Vis-à-vis, le régulateur *calligraphique*. — La poterie d'étain à l'usage des pharmaciens. — Bourrelets à ressorts pour volets et meubles. — Ardoises préparées par M. *Dejernon* pour les écoles.

Pilastres nᵒ 7. Parapluies à bagues de M. *Cazal.* — Cannes faites avec de la baleine refoulée par les procédés de M. *Dégrange*, n. 582. — Parapluies à cannes excentriques, n. 3,045. — Habillements de chasse pour la bête fauve, n. 2,727.

Pilastres nᵒ 5. Produits des *jeunes aveugles*. — Objets divers confectionnés avec de l'écaille factice, invention fort utile de M. *Pinson*, n. 1,310, et ayant beaucoup d'applications.

En face, les objets en ivoire de M. *Moreau*, et les tablettes de *Colletta*.

Pilastres n° 3. Sculptures en bois de *Graenacker*. — Cannes de M. *Legrand* faites en écaille appliquée, et soudées à l'eau par la chaleur.

Pilastres n° 1. Bustes en cire. — Procédés de M. *Garin* pour la restauration des tableaux.

Pour examiner la seconde partie de la salle, il nous reste à parcourir les lignes GH et DJ.

Des deux côtés de la ligne GH se trouvent les objets suivants :

Pilastres n° 29. Reliures *mobiles*, reliures *araphiques* et reliures *élastiques*, 3 genres qui constatent nos progrès dans cette industrie.

En regard, l'*encrier-pompe*, n. 119, ustensile ingénieux; — Et les tampons à ressorts de M. *Thibaudet*.

Pilastres n° 27. Papeterie de MM. *Durandeau* et *Lacombe*. On y remarque une feuille de 500 pieds de long.

Pilastres n° 25. Papeteries diverses. — Fleurs artificielles en papier.

Pilastres n° 23. Echantillons fournis par diverses papeteries.

En face, peinture à l'huile de M. *Gentillot*, séchant en moins d'une heure, et peinture de M. *Maurin*. — Bottes de M. *Menut*.

Pilastres n° 21. Suite des papiers.

En regard, souliers à la mécanique, n. 2,915. — Bottes sans couture de M. *Paumier*.

Pilastres n° 19. Peaux teintes et mégisseries de M. *Cruel-Trempé*. — Sabots imitant les souliers (100 paires pour 70 fr. ; 14 sous la paire de petits). — Botterie podophile:

Pilastres n° 17. Fourreaux de baïonnettes sans couture de M. *Renou*. — Gants coupés par la mécanique de M. *Chouillou*. — Gants de M. *Dardier*, avec un nouveau système de couture très économique, n. 1,526.

On reprend la ligne DJ.

Pilastres n° 34. L'échantillon des chocolats.

En face, les échantillons de sirop de fécule, et le sucre de fécule de M. *Chaussenot*. — La viande desséchée par les procédés de M. *Godain*. — Le pain *Chambard*, etc., etc.

Pilastres n° 36. Conserves alimentaires de M. *Prieur*, n. 2,963 ; — De M. *Degrand*, n. 881 ; — De M. *Dezobry*, n. 880.

Vis-à-vis, les briquets *Merkel*. — Le riz *Chochina*. — La dextrine remplaçant la gomme. — Bougies diverses, parmi lesquelles il s'en trouve à 18 sous la livre.

Pilastres n° 38. Parfumeries diverses.

En regard, suif fondu par la vapeur, avec l'acide sulfurique, et moins cher que par les procédés ordinaires, exposé par M. *Taulet*, n. 1,294. — Extrait du bois de Campêche à 1 fr. 30 c. la livre, obtenu par le procédé de M. *Brocchieri*, n. 3,303. — Vernis au caoutchouc de M. *Vellard*, n. 2,967.

Pilastres n° 40. Suite des produits chimiques.

Pilastres n° 42. Produits chimiques.

En regard, Nouveau papier transparent de M. *Bernard*, n. 1,171. — Huile fixe de goudron de M. *Mathieu*, n. 1,370. — Cristallisation de la matière colorante du bois de teinture de M. *Panay*, n. 432. — Laques extraits de la garance de M. *Gobert*, n. 431.

Pilastres n° 44. Produits chimiques.

Vis-à-vis, la gélatine de M. *Grenet* fils, n. 3,146. — Vinaigre de mélasse de M. *Blandin*, n. 2,814.

Pilastres n° 46. Schistes bitumineux et produits provenant de ces schistes exposés par M. *Sellique*, n. 2,493, et exploités aux usines de Saint-Léger (Saône-et-Loire). — Produits des mines de Bouxvilliers.

En face, Céruse et minium de la fabrique de *Clichy*, qui mérite toujours son ancienne réputation.

Arrivé au point J de la ligne HJ, le visiteur a terminé l'examen de cette salle, dont les murs sont décorés des belles tentures de MM. *Zuber*, *Rimbaut*, *Peyre*, veuve *Mader*, et des cuirs vernis ou maroquins de MM. *Plumer*, *Heulte*, *Fauler*, *Nys*, etc.

S'il récapitule ses souvenirs, il aura la conviction que nous sommes en progrès pour tout ce qui concerne l'armurerie, les produits chimiques, les instruments de chirurgie et d'orthopédie, et que la France tient toujours entre ses mains le sceptre des *modes*. Une foule d'objets exposés dans cette salle atteste le bon goût de nos ouvriers et de nos ouvrières lorsqu'on l'applique à la toilette et à une infinité de besoins domestiques.

SALLE SUPPLÉMENTAIRE DES TISSUS. — 3ᵉ DIVISION.

Draps, casimirs, flanelles, laines, etc.

(Nº 5 du plan.)

C'est dans cette salle que rivalisent les produits de nos principales villes manufacturières, telles que *Sedan, Louviers, Elbeuf, Carcassonne*, etc. Il nous suffira de nommer les chefs des établissements pour rappeler à nos lecteurs tous les progrès qu'ils ont fait faire à l'industrie des tissus, et leurs efforts continuels pour lutter avec avantage sur tous les marchés de l'Europe contre les concurrences anglaise et prussienne.

Nous ne connaissons rien de plus respectable que ces vieilles réputations qui de père en fils assurent à un établissement la confiance et la vogue des acheteurs. La majorité des noms que nous allons passer en revue ont ce double mérite.

En suivant à gauche de cette salle la ligne ABC, on remarquera les produits de MM. *de Buchy, H. Charvet* de Lille, *Ternynck* frères et *Desfontaines, Cuvelier* de Turcoing. — Le linge damassé de *Lefebure Horrent* de Roubaix, et celui de *Bégué* fils de Pau ; *Marcigny Percier, Lefournier Lamotte* père et fils de Condé. — Les tissus de lièvre pour la chapellerie exposés par

M. *Chevais*, et qui sont susceptibles de prendre le brillant du castor. — Les pluches de *Massin* frères, *Huber et Cie*. — Les impressions en relief sur étoffes de *Carré*.—La bonneterie en feutre de M. *Audin*, n. 1,044. — Les produits de la fabrique de *l'Hôtel*. — Les étoffes de crin sans envers de M. *Lebardel*. — Les crinolines d'*Oudinot*, qui jouissent de la vogue. — Les draps imprimés en relief de *Rheins et Cie*, remarquables pour leurs prix modérés. — Les tissus imperméables de *Bouillant*. — Les tissus et cuirs imprégnés de caoutchouc de *Gagin*.

En continuant la ligne CDA, on trouve les droguets de MM. *Bourgeois* et *Ducher* de Felletin. — Les produits de la ville de *Mazamet*, représentée par MM. *Lafon-Vaissé, Ferd. Cormouls, Houlez* père et fils. — Ceux de Limoges, par *Laporte* frères; — De Vienne, par *Gabert* fils aîné, *Badin* père et *Lambert, Rigat, Grenier* père et fils; — De Limoux, par *Mousse et Cie* et *Bols-Sicard*.

Au milieu de cette salle on a disposé des cases qu'ont décorées de leurs productions, du côté de la ligne EFG, d'abord MM. *Aubé* frères, de Beaumont-le-Roger, et ensuite les notabilités de *Louviers*, telles que MM. *D. Chennevière, Germain Petit, Ribouleau* frères, *P. Odiot, Dannet* frères *et Cie, Poitevin* et fils, *Lt Marcel*, *Jourdain* et fils.

Viennent ensuite celles de *Sedan*, MM. *Bertèche, Bonjean* jeune et *Chesnon, T. Labrosse et Cie, Leroy-Picard, Chayaux* frères, *Ant. Rousselet, Trottrot, L. Cunin-Gridaine* père et fils, *Marius Paret*.

Celles d'*Elbeuf* ne sont pas moins nombreuses. Elles se composent de MM. *Th. Chennevière, B. Javal Lemonnier* et *Chennevière, D. Couprie* (en tête de la ligne

GKE), *V^r Barbier*, *Al. Delarue*, *Dumor-Masson*, les fils *Gaudchaux-Picard*, *Barbier* aîné, *Desfreches* et fils, *J. Défrémicourt*, *Chefderue* et *Chauvreulx*, *L. Flavigny* aîné, *Ch. Flavigny* jeune, *A. Durecu et Cie*, *Félix Aroux*, *Rastier* fils, *F. Garcel*, *Ch. Fouré et Cie*, *Berrier* et *Brisson*, *Morel-Beer*, *J. P. Charvet*, *V^r Grandin* et *A. Delarue* frères.

Il y a entre ces noms une telle mutualité de talents, qu'on ne peut s'empêcher de les nommer tous, quelle que longue que soit la liste. Elle prouve au moins que cette branche si précieuse de notre industrie est toujours honorablement représentée. Mais, pour être justes, ajoutons que toutes les belles fabrications ne sont pas concentrées à Sedan, Louviers, Elbeuf; un assez grand nombre se font remarquer sur divers points de la France, et on les connaîtra en achevant de parcourir les lignes directrices indiquées dans cette salle par les lettres **JKL** et **LMJ**.

Avant de prendre la direction indiquée par la première de ces lignes **JKL**, on remarquera à sa gauche les produits de **MM.** *Dupont* aîné et *F. Charvet* des Andelys, et puis ceux de la ville d'*Angers*, représentée par **MM.** *Prosper Cosnier*; — De la ville de *Reims* ou du département de la Marne, par *Benoist*, *Malot et Cie*, *Pierquin-Grandin*, *Givelet*, *Assy* et *H. Rolin*, *Henriot* fils, *Buffet*, *Perin*, *Henriot* frères et sœurs, *Lecleire-Allart*, *Dauphinot-Pérard*, *Rivière-Lefert* et *Millon*.

Sur le reste de la ligne **JKL** on remarquera les contingents des villes de *Cugand*, *Amboise*, *Dieu-le-Fit*, *Fougères*, *Bischwiller*, *Nogent-le-Rotrou*, *Saint-Lô*, *Nantes*, *Moutiers*, *Poitiers*, *Châteaudun*, *Le Mans*, *Rennes*, etc., etc.

Et, en descendant la ligne LMJ pour venir rejoindre le point de départ, on pourra noter MM. *Juhel*, *Marcot-Thiriet*, *Picard* frères, pour les draps, cuirs de laine, etc. — Les produits de la ville de *Roubaix*, représentée par MM. *Wacrenier - Delvinquier*, *Prus - Grimonprez*, *Degrandel*, *Potalier*, *Frasez*, — Ceux de M. *Hannosset*. Dans son cadre nous avons remarqué les *poils de chien* naturels et teints, qu'il a soumis à la filature. Enfin MM. *Camus* fils et *Croutelle*, *La Chapelle* et *Levarlet*, *Noulibos* de Pau, terminent cette nomenclature.

Avant de quitter cette salle, les amateurs pourront examiner les qualités de laines disposées sur la table à droite, et provenant des troupeaux de MM. le comte *Desoffy*, *Daublaine*, *Houdeville*, *Basile*, *Gros*, *Polignac*, *Dupreuil*, *Monnot-Leroy*, *Godain* aîné, et dans un coin, à gauche, celles du troupeau de *Naz*.

Nous avons remarqué qu'en 1834 les trois villes de *Sedan*, *Louviers* et *Elbeuf*, nous avaient offert un personnel de 39 exposants, et que cette année il a été dépassé, car le nombre va à 42.

Il nous sera agréable d'avoir à rédiger l'historique sommaire de ces expositions particulières, et de constater les progrès faits depuis 1834, époque où chacun des chefs de ces fabriques a bien voulu nous fournir tous les documents qui pouvaient nous aider à les juger comme ils méritaient de l'être.

Hâtons-nous de terminer la division des tissus, en passant en revue la salle n° 3.

SALLE DES TISSUS (Suite).

*Cachemires, soieries, mousselines, toiles peintes,
tulles , etc., etc.*

(Salle n° 3.)

—

Nos progrès pour les diverses branches d'industrie
que ce chapitre indique sont depuis quelques années
immenses. Nous n'avons rien à envier à l'Inde pour ses
cachemires (1), ni à l'Angleterre pour ses mousselines
et ses toiles peintes. Nos tissus de soie rendent tributaire
toute l'Europe , et nous devons la solution de ce qua-
druple problème principalement au patriotisme de nos

---

(1) Un fait récent a prouvé au directeur de cet ouvrage que
cette opinion est juste en tout point. Il avait envoyé un tableau
allégorique à la princesse Begum, qui gouvernait le royaume de
Sirdhanah , qu'elle avait conquis grâce au courage d'un Français nommé *Sombre* , devenu ensuite son époux. Cette princesse étant morte, notre brave général *Allard*, porteur du tableau, l'offrit au petit-fils de la princesse, qu'il rencontra sur le
Gange, venant en Europe, tandis que lui, fidèle à sa parole, se
rendait à Lahore, auprès de *Rundjet-Sing*. Le prince recon-
naissant n'eut rien de plus empressé , arrivé à Paris , que
d'envoyer une *écharpe tissue à Cachemire même* , et nous pû-
mes établir une comparaison exacte entre ce qui se fait en
France et dans ce pays si renommé... Nous leur sommes supérieurs tant pour les tissus que pour les couleurs, la grâce du
dessin , etc.

fabricants de *Paris*, de *Tarare*, de *Mulhouse* et de *Lyon*, qui, aux époques les plus désastreuses, n'ont jamais quitté la voie des améliorations. Cette salle est un temple où tous les produits du goût rivalisent, et où les dames ne sauraient rendre trop d'actions de grâces à nos industriels. C'est aussi celle où la foule se presse davantage, et où les objets sont examinés à la fois avec plaisir, orgueil, et une attention soutenue. Dans sa description, nous n'examinerons jamais qu'un côté à la fois. En suivant la ligne A B C, on passera en revue les pilastres depuis le n° 2 jusqu'au n° 20.

Pilastres n° 2. En entrant dans la première galerie à gauche, on trouve les fils de cachemire de MM. *Possot*, *Bietry*, *Hindelang;* les belles laines peignées, filées et cardées de MM. *Griolet* et *Prévost*. C'est la première amélioration qu'il est important de constater, car elle est la base des autres.

Pilastres n°s 4, 6, 8, 10, 12 et 14. Ici commence la série des châles ou cachemires exposés par nos fabricants les plus habiles, tels que MM. *Chinard* fils, *Boutineau*, *Sivel* et *Herbin*, *Brunet*, *Thouvenin* et *Bertois; Manuel* et *Dry; Léon Bachelot*, *Debras*, *Fouquet* aîné, *Ternaux* fils et *Bournhonnet; Jourdan* et *Morin* (successeurs de M. *Rey*); *Legrand*, *Lemor*, *Lecreux* et C°; *Ferier*, *Gagnon* et *Culhat; H. Junot*, *Gouré* jeune; *Tiret*, *Chambelland* et *Duché*, *Arnould*, *F. Hébert*, *Gaussin* aîné, *Deneirousse*, presque tous récompensés déjà par des médailles obtenues aux expositions précédentes. Dans le corps de l'ouvrage nous ferons ressortir le mérite particulier de fabrication de chacun de ces concurrents.

Pilastres n° 16. Devant la petite enceinte que forment ces deux pilastres, les amateurs de beaux produits s'arrêteront avec plaisir pour y voir ceux de M. *Leutner*, qui nous montre dans un choix varié ce que Tarare produit d'élégant et de remarquable en mousselines unies, brodées et brochées.

Pilastres n° 18. Cotonnades et madras de MM. *Schmid* et *Salzmann*, *Auber-Mohler* frères, v° *Laurent Weber*. — Les produits de MM. *Kayser*, *Fergusson* et *Bornèque-Lefebvre*.

En regard, M. *Durand*.

En suivant la ligne CD, on trouvera d'un côté les gazes de soie de M. *Hennecart* (pilastres n. 22). — Les beaux tissus en laine et soie imprimés de MM. *Piot* et *Jourdan* (pilastres n. 24). — On s'arrêtera surtout devant les produits très remarquables de M. *Despréaux*, qui décorent les pilastres n. 26. Ce sont des velours imprimés au moyen de planches gravées sur cuivre et des *cuirs vénitiens* d'une exécution parfaite. Ces produits exigent que les arts soient ici un auxiliaire inévitable de l'industrie. Pour les confectionner, il faut être en effet à la fois artiste, mécanicien, ajoutons même chimiste : car les couleurs employées par M. Despréaux imitent les couleurs antiques qu'il a étudiées sur les tableaux de nos grands maîtres. Elles sont inaltérables, et celles d'or et d'argent appliquées sur les cuirs peuvent se laver et conserver leur fraîcheur. Nous consacrerons dans notre ouvrage un article spécial à cet artiste ingénieux, dont les inventions doivent ouvrir de nouveaux et nombreux débouchés au commerce.

A côté brillent d'un vif éclat les étoffes nouvelles de

MM. *Gagelin* et *Opigez*, dessinées avec un goût exquis.

En regard des objets ci-dessus énumérés, on distinguera les produits de MM. *Fortier*, *Lambert*, *Chastel*, *Vidalin*, *Richard* et *Zacharie*, *Groboz Pierre*.

Puis, en retour de la ligne **DE**, ceux de MM. *Charles*, ayant vis-à-vis M. *Caron Langlois*, une des notabilités industrielles du département de l'Oise, MM. *Godefroy* et *A. Salmon*.

Et parallèlement à la ligne **EB**, les richesses de Lyon que MM. *Mathevon* et *Bouvard*, *Vacher*, *Reynier* et *Perrier*, *Savoye*, *Godemard* et *Meynier*, *Sauvagère*, ont exposées, et les articles de M. *Tiret*.

En descendant la ligne **BA**, nous avons remarqué à gauche sur les tables qui longent la salle les mousselines de M. *Bompard*. — Les échantillons de teinture de M. *Léveillé*. — La filature de M. *d'Ourscamp*. — Les cotons retors de MM. *Gombert* père et fils. — Les cotons filés de M. *Seillière*; — Ceux à coudre de MM. *Michelez, Geoffroy*. — La soie filée de MM. *Millet* et *Robinet*, *Langevin*; — Celle à coudre de M. *Hamelin*. — Les rubans façonnés de MM. *Faure* frères, *Martin* et Cᵉ, et *Bertholon Souchon* et Cᵉ.

En passant de l'autre côté des tables, nous suivrons maintenant la ligne **HG** en remontant. — Rubannerie de MM. *Dugas* frères, *Ménager*, *Dutrou*. — Inventions diverses de M. *Werly* (n. 1,759), qui fabrique des corsets sans couture avec un métier fort remarquable. — Produits de la blanchisserie à la vapeur de Mᵐᵉ *S.-Mercier*. — Procédés de M. *Dier* pour remettre les habits à neuf en rétablissant parfaitement les nuances des couleurs usées. — Tissus imprimés avec la gomeline par M. *Augan*. — Les jolies peintures de M. *Rémy* appliquées sur le satin et le crêpe. — Nouveaux procédés de teinture de M. *Frick*. — Les divers cotons filés avec **une** grande supériorité de MM. *Dolfus-Mieg, Schlumberger, Hartmann Jacques , Naëgely , Kœchlin, Dolfus* frères , *Hafer, Herzog, Weissgerber, V. L. Weber*, etc., noms qui honorent tous notre industrie. — A la suite on remarquera les tissus de laine et de lin à la mécanique opérés d'après un nouveau système de M. *Kœchlin* (Jérémie), et les toiles des manufactures du département de la *Sarthe*. C'est au bout de cette ligne que , dans une cage en verre , sont placées les dentelles variées de **M.** *Belfoy* fils.

Dans la direction de la ligne GH en descendant, le visiteur s'arrêtera devant les charmants dessins de M. *Couder* (n. 1,314) , qui a créé avec goût un art spécial , celui de confectionner des dessins pour les manufactures. — Après sa case , commencent les produits du *Haut-Rhin*, qui réunissent toutes les célébrités industrielles de ce département , sous les n. 1,649 , 1,640 , 1,642, 2,081 , 1,651 , 2,080 et 2,082 , lesquels occupent les pilastres 13, 11 et 9 ; places beaucoup trop modestes pour les premières manufactures de France, considérées sous le rapport des produits et du nombre des ouvriers qu'elles emploient (1).

Pilastres n° 7. Châles de MM. *Jourdan* et *Morin, Eggly, Roux, Thibaut, Lambert-Blanchard.*

Pilastres n° 5. Impressions de MM. *Japuis.* — Produits de M. *Bataille*. — Indiennes de M. *Girard*.

----

(1) Voyez plus bas les changements survenus.

Pilastres n°s 3 et 1. Rouenneries des principaux manufacturiers de *Rouen*, *Darnetal*, etc., dont l'examen spécial sera fait dans notre ouvrage.

Nous suivons ici la ligne JN, en regardant toujours les cases placées à la gauche. Ce ne sont pas les moins richement décorées, car on y trouve :

Pilastres n° 29. Les beaux tissus brochés en fil de lin de MM. *Croco.* — Les nouveautés de M. *Pagès-Baligot.* — Les impressions en or de M. *Gonin*, remarquables par la solidité de la dorure. — Et, dans les PILASTRES n° 27, les impressions de M. *Depoully*, un de nos fabricants les plus honorables et les plus instruits dans son art ; celles de M. *Thomann.* — Les mousselines-laines de M. *Bernoville.* — Les impressions sur laine de MM. *Lavril* et *Larsonnier.*

Pilastres n° 25. Les impressions, les tissus et les stoffs de MM. *Godefroy*, *Caron*, *Marlo* et Ce, *Delâtre* et *Cocheteux*, attirent les regards. — Les produits de la ville de Nîmes prouvent que l'industrie de cette ville est toujours en progrès. C'est à tort qu'on l'a accusée de n'être qu'imitatrice ; elle est en première ligne pour les foulards et pour la confection des châles *à bon marché.* On verra ces produits dans les PILASTRES n° 25, où figurent les noms de MM. *Baragnon*, *Combier-Roussel*, *Daudet* et Ce, *Gaidan* frères. — Ceux de la ville de Lyon occupent les PILASTRES n°s 21, 19, 17, où MM. *Ollat* et *Desvernay*, *Peymart*, *Servant* et *Ogier*, *Boyer* et Ce, *Potton-Crozier*, *Lemire-Danguin* et Ce, *Burel* frères, *Fournel*, *Cimier* et *Fantin*, *Yemeniz*, *Grand* frères et *Di-*

dier-Petit, se disputent la palme en exposant des châles, des étoffes et autres tissus que l'Europe nous envie. — Ne passons pas sous silence un chef-d'œuvre de tissage, qui rappelle les traits de celui qui les a tous perfectionnés, M. *Jacquart*. Il est dans les PILASTRES n° 17, où la foule s'arrête.

Avant de descendre la même ligne NJ, citons les broderies de Mlle *Le Normand*, occupant une cage vitrée, et appliquées à une robe destinée, dit-on, à la reine d'Angleterre.

Nous voici à même d'admirer l'adresse et la patience de nos brodeuses, qui travaillent comme des fées. Voyez plutôt les objets brodés de MM. *Bertrand* et *Vidil*, n. 660; — De Mmes *Ruffi-Jussel, Laure* et Ce, *Husson et ses sept filles*, M. *Biais* aîné, Mme *Gravier-Delvalle*, MM. *Payan, Lannier, Mouton* et *Josseaume, Bourdon* (Ch.), Mlle *Beauvais*, etc. Vous y trouverez des mains-d'œuvre tellement parfaites, que des petits objets sont estimés mille, 2 mille et jusqu'à 3 mille francs.

En tête de la ligne KE, placée de l'autre côté des tables, se trouve un des objets les plus remarquables de l'exposition, les *tissus en verre*, placés dans les PILAS-TRES n° 28 qui précèdent ceux numérotés 46. Il faut les voir pour se faire une idée de l'illusion complète qu'ils produisent, en les rapprochant des étoffes dorées ou argentées par les moyens ordinaires. — Leur prix est bien inférieur, puisqu'ici les parties dorées ou argentées qui forment le dessin sont produites par la matière même du verre. Le reste ou le fond de l'étoffe est ordinairement en laine ou soie, et quelquefois en velours. — Pour les tentures, objet principal de cette fabrication, l'application est certaine, et les commandes affluent de toutes parts. Nous donnerons plus de détails dans la *Description de l'Exposition*.

Saint-Quentin a exposé des produits manufacturés avec un goût extrème, qu'on voit dans les PILASTRES nᵒ 46, et qu'ont fournis MM. *Picard* jeune, *Dambrun*, *Davin-Desfresnes*, *Daudeville* et Ce, *Poisson-Livorel*, *Estragnat*, etc.

Pilastres nᵒ 44. *Tarare*, pour ses mousselines brodées, est représentée par MM. *Pramondon* et *Lucy-Sedillot*, et *Alençon* par MM. *d'Ocagne* et *Lecoq-Guébé*.

Les châles de Nîmes, dont nous avons déjà fait remarquer le bon marché, malgré leur bonne et solide confection, garnissent les PILASTRES nᵒˢ 42 et 40, avec les produits de MM. *Sabran* frères, *Roux*, *Mirabeau*, *Curnier*, *Courmert Carreton* et *Chadouxaud*, *A. Conte*, *F. Constant*, *Colondre* et *Prades*, *Rouet-Ribes* fils, *Barnouin* et *Bureau*.

Les châles de Lyon attirent les regards dans les PILASTRES n. 38, 36 et 34, et leur perfection rappelle les noms de MM. *Girard* neveu, *Troubat* et Ce, *Jarrin* et *Trotton*, *Plantier*, *Grillet*, *Luquin*, *Bonnet* et *Moreau*, *Pagès* et Ce, *Boyriven*, *Gelot* et Ce, *Moras* et *Dauphin*, *Damiron*, etc.

Pour achever l'examen de cette salle, il nous reste à citer ce qu'on trouve en descendant la ligne EK. De magnifiques broderies garnissent les armoires vitrées de MM. *Popelin-Ducarne*, *Charliat*, *Robert-Belin*, *Marie Hottot*, *Mayer*, *Clérambault* et *Violard*. Ce dernier a exposé une robe de 900 fr. d'une grande beauté.

Puis viennent les modestes produits de la *bonneterie de Nîmes*, très bien confectionnés.

Hâtons-nous de passer aux salles nᵒˢ 6 et 4, où nous trouverons les objets d'art et de luxe.

SALLE SUPPLÉMENTAIRE

DES OBJETS D'ART ET DE LUXE. — 4e DIVISION.

Ébénisterie, tapis.

(Salle nᵒ 6.)

Les objets classés dans cette division ont été si nombreux, qu'ils ont dépassé les prévisions ordinaires. Il a fallu convertir en salle une cour réservée aux dépôts, et, comme elle est placée sur le chemin du visiteur avant la salle principale nᵒ 4, nous commencerons par jeter un coup d'œil sur la salle nᵒ 6.

En général, les meubles qu'on y trouvera sont d'un excellent goût allié à une grande richesse. Plusieurs sont d'un goût même sévère, que font ressortir la nature du bois et celle des ornements. Tout ce qui tient à leur fabrication est exécuté avec un soin minutieux. Dans leur forme et pour leur *confortable*, quelques idées nouvelles ont été introduites. On les remarquera dans l'examen plus détaillé que nous allons en faire.

En suivant la ligne MN, on pourra regarder à la fois à gauche et à droite, et on remarquera :

Pilastres nᵒ 2 (1). Les meubles de cabinet de M.

---

(1) Dans cette salle, les numéros n'ont pas été mis aux pi-

Grohé, exécutés en ébène, et d'un très bon goût. — La peinture de M. *Horner*, très propre aux décors.

En regard, les cartons de M. *Boulard*, qui exerce en grand son état.

Pilastres n° 4. Bibliothèques d'ébène de M. *Berg*. — Les bois sculptés de M. *A. Guérin*.

Vis-à-vis, les meubles en bois peints et vernis de M. *Goudel*, imitant parfaitement les *laques* chinoises, et ornés de dessins fort séduisants.

Pilastres n° 6. On s'arrêtera avec plaisir devant les meubles de M. *Durand* fils, et les bois mosaïques de M. *J. Petyt*, exécutés par un procédé fort ingénieux, avec lesquels on peut faire sur le bois les compositions les plus riches et les plus variées, telles que celles qui se trouvent sur les deux panneaux des portes. — Les fauteuils de M. *E. Poujade*, et ceux de M. *Bonnemain*, qui se plient, et qui deviennent alors très transportables, sont en face.

Aux PILASTRES n°° 8 et 10 sont exposés les meubles de MM. *Bigot*, *Meynard* et fils. — Un lit et un secrétaire de M. *Geiseler*, d'un très bon goût. — Les meubles très bien sculptés de M. *Aubin*.

Et, *en regard*, une table de cabinet, renfermant une échelle de bibliothèque de M. *Barbier*; une échelle pli-

---

lastres comme dans les autres salles; mais il est facile de voir qu'au côté gauche sont les pilastres n°° pairs de 2 à 14, et, de l'autre côté, les pilastres impairs de 1 à 13.

ante et un lit double de M. *Baudry*, tous objets ingénieusement exécutés, et qui trouveront beaucoup d'a-
mateurs parmi ceux qui, habitant de petits appartements, sont forcés d'économiser l'espace.

Aux derniers PILASTRES nᵒˢ 12 et 14, on s'arrêtera
long-temps devant les produits de M. *Choumer, A. Al-
brecht*, et surtout ceux de M. *Hoefer*. Son ébénisterie
ne laisse rien à désirer, et elle est à des prix très modérés.

A côté de ces meubles se trouvent un comptoir à nappes
mobiles, avec des brocs à bascules, objet nouveau et
utile, imaginé par M. *Ouvrier;* — Les sculptures de M.
Guionet.

En regard sont placés les bois mosaïques que M. *Jon-
val* exécute avec une grande précision; le modèle
d'un lit d'accouchement inventé par M. de *A. Descloux*,
et le meuble de M. *Kugel*.

Au fond de cette salle, dans la direction NR, on remarquera les riches meubles de M. *Jolly*. — Les châssis
mobiles de M. *Carette*, invention dont l'économie domestique pourra faire plusieurs applications, et les chevalets de M. *Bonhomme*, bonne acquisition pour les
peintres.

Vis-à-vis, le modèle d'un cheval exécuté en carton-
pâte, de grandeur naturelle, et les objets de MM. *Mohr*
et *Davion*.

En continuant à faire le tour de la salle, et suivant la
ligne RP, on remarquera dans les PILASTRES nᵒ 13
l'ébénisterie de M. *Werner*, l'un des représentants les
plus zélés et les plus instruits de ce genre d'industrie,
et qui a l'excellent esprit de chercher de préférence dans

l'emploi de nos bois indigènes des effets que les autres ébénistes négligent. — C'est ainsi qu'il nous montre cette année des meubles faits avec du *chêne vert*, une chaise confectionnée avec un bois si léger, que toute la chaise, avec sa garniture, ne pèse que 4 livres 1/2. Au moyen d'un tissu métallique, il est parvenu à donner à ses meubles une élasticité parfaite qu'ils conservent toujours. — Les produits de M. *Proeschel* et de la société *Gosse de Billy* se trouvent dans les PILASTRES n° 11. — Cette dernière présente des objets qui sont sans contredit une des choses les plus remarquables de l'exposition. Toute cette ébénisterie, dont les contours, les profils, les moulures, sont si parfaits, est produite par une machine à laquelle on fournit le bois à peu près brut. Par une espèce de miracle mécanique, M. *Grimpré*, l'inventeur, est parvenu à tailler, à découper le bois, comme un tailleur coupe avec ses ciseaux dans le drap, et il en sort des objets parfaits. En jetant un coup d'œil seulement sur les bois à fusil, on conçoit de suite l'importance de cette invention, sur laquelle nous donnerons un long article dans l'ouvrage.

En regardant à droite, on verra les fauteuils de M. *Proeschel*. — Les meubles de MM. *Drescher* et *Bailly*. — Les meubles peints en laque de M. *Osmont*.

Les PILASTRES n°s 9 et 7 sont garnis de l'ébénisterie de MM. *Florange*, *Coulon*, *Roger*, *Youf* et *Fischer*, qui rivalisent avec les meubles déjà cités, et auxquels on peut ajouter la belle table de M. *Klein*, faite avec une seule pièce d'acajou, 12 pieds 1/2 de long sur 6 pieds 1/2 de large; les billards de M. *Cosson*, et le bureau à écrire de M. *Dutheil* d'Orléans.

Enfin, dans les **PILASTRES** n°s 5, 3 et 1, où finit la tournée, se trouvent les meubles de luxe de **MM.** *Pennequin*, *Dumont*; de **M.** *Bellangé* fils, qu'il faut placer au premier rang pour les meubles de curiosité ; — Ceux de **M.** *Laux* et de **M.** *Jacob Desmalter.* Ce dernier rappelle une des plus anciennes maisons de Paris, et le Roi y a commandé des meubles qu'on voit aujourd'hui exposés, et qui sont en effet très dignes d'orner le palais d'un souverain.

De l'autre côté, nous citerons les meubles de **MM.** *Règle, Sellier.* — Les fauteuils pliants de **M.** *Bercher.* — Les pupitres de **M.** *Santini.* — Les charmants modèles faits en bois peint à l'huile de **M.** *Mainfroy ;* — Ceux de **M.** *Ringuet*, et les objets fabriqués par **M.** *Bonnie*, parmi lesquels on remarquera un lit avec matelas élastique, garni d'un mécanisme au moyen duquel une personne, avec très peu de force, peut s'élever elle-même à 18 pouces de hauteur.

On ne quittera pas cette salle sans jeter un coup d'œil sur des tapis fabriqués par **MM.** *Flaissier* frères, *Legun*, *Mallard-Barré, Demy-Doineau, Lefèvre, Foye-Davenne, Soulas, Bellanger* père et *Nourrisson*, *Redarès*, *Dutertre* aîné (pour les tapis vernis), *Maume, Roussel, Requillart* et *Chocqueel*, et *Porché*, qui tous attestent des progrès qu'on a faits dans la fabrique de tapis, fabrication dont les produits se maintiennent encore à des prix trop élevés pour beaucoup de classes de la société.

En sortant de la salle de l'ébénisterie, nous devons achever l'examen de la division des objets d'art et de luxe par la visite à faire dans la salle n° 4 du plan.

———

SALLE DES OBJETS D'ART ET DE LUXE. (Suite.)

Bronzes, orfévrerie, horlogerie, pianos, armes, etc.

(Salle n° 4.)

—

En plaçant dans la 4e et dernière division les objets d'art et de luxe, il semble qu'on ait voulu présenter au visiteur tout ce qui pouvait mériter au plus haut degré son attention et ses éloges. Le premier coup d'œil suffit pour constater notre supériorité dans tout ce qui exige la réunion du goût pour les formes et le décor avec l'habileté pour travailler les matières. C'est là qu'on voit les applications les plus heureuses et les plus parfaites de la chimie. Nos bronzes en sont un exemple : car ils ont toujours le privilége d'orner les palais des souverains et des riches à l'étranger. C'est là qu'on peut apprécier le degré d'intelligence et l'instruction de nos ouvriers, de nos contre-maîtres, en examinant attentivement la perfection de notre horlogerie, de nos instruments d'optique et de musique, etc. L'industrie parisienne, presque à elle seule, a décoré cette salle, resplendissante d'or et de cristaux. L'élite de nos industriels a répondu à l'appel qui leur a été fait, et tous ont exposé de nombreux objets plus ou moins remarquables, dont nous citerons les principaux dans cette revue.

Sur la ligne AB on trouve, dans les PILASTRES n° **2**, les produits sortis des ateliers de **M.** *Denière*, qui justifient sa réputation ; — Et, dans les PILASTRES n° **4**, les cuivres estampés de **M.** *Lecoq*, et les bronzes de **M.** *Vallet-Cornier*, très dignes d'éloges.

Dans les PILASTRES nᵒ 6 sont placés les pianos de MM. *Beckers*, et, dans les suivants, nᵒ 8, on s'arrêtera devant le *mélostrobe* de M. *Laroche*. C'est un orgue expressif donnant des sons plus doux que les autres, et fort agréables à entendre.

Aux PILASTRES nᵒˢ 8, 10 et 12, sont réunis les pianos de MM. *Pfeiffer*, *Hintermayer*, *Liégaut*, *Baron*, *Busson*, *Mehl*, *Ravenne* et *Blondel*, *Gibaut*, *Schmidt* et Cᵉ, *Hatzenbuhler* et *Faure*. Ce dernier a exposé un piano pour les enfants. Il y a controverse sur leur utilité ; nous examinerons plus tard cette question. Parmi ces pianos se trouvent l'orgue expressif de M. *Picart*, et le *mélophon* de M. *Leclerc*.

Aux PILASTRES nᵒ 14 sont les pianos de M. *Pleyel*, et, aux PILASTRES nᵒ 16, les instruments divers de M. *Vuillaume*, confectionnés avec beaucoup de soin.

L'exposition témoigne des progrès apportés dans la construction des orgues d'églises. — On en voit un d'une grande dimension de M. *John Abbey*, PILASTRES nᵒ 18 ; un second de M. *Laroque*, appelé *milaccor*, PILASTRES nᵒ 22 ; un troisième de M. *Darche* et *Granjon* ; un quatrième de M. *Lété*, appelé *orgue transpositeur* (ces deux derniers, PILASTRES nᵒ 26) ; un cinquième de M. *Marix*, et un sixième très remarquable de MM. *Daublaine*, *Callinet* et Cᵉ (tous les deux, PILASTRES nᵒ 30, ligne BDE).

Pilastres nᵒ 22. Pianos de M. *Tressoz* et *Challiot*. — PILASTRES nᵒ 24. Les pianos de M. *Pape*, l'un des fabricants qui ont le plus étudié la fabrication et la construction de ces instruments; ce qui est attesté par les nombreux brevets dont il est propriétaire. Ses améliorations se portent sur toutes les parties. — Aujourd'hui on voit dans son exposition des pianos ayant la forme d'une console, faciles à placer dans une encoignure. Un article spécial sera dans notre ouvrage consacré à cet estimable fabricant.

La lutherie fait aussi des progrès, et nous citerons celle de M. *Chanot*, n. 387, PILASTRES n° 26, et celle de M. *Bernardet*, n. 384, PILASTRES n° 30.

Dans l'enceinte occupée par les objets que nous venons d'examiner se trouvent sur la grande table le morceau fort élégant d'orfévrerie de M. *Lenglet*, n. 186. — Les meubles en bois peints de M. *Drugeon*, confectionnés avec beaucoup de goût et d'élégance. — L'orfévrerie très belle et très riche de M. *Durand* représentant un thé complet, n. 187.

Nous reprenons ici pour descendre la ligne CA, afin de juger les objets exposés sur les tables placées à notre gauche.

Sur cette ligne sont une précieuse horloge de M. *H. Lepaute*, qui marche 25 jours sans être remontée; —Un meuble de M. *Dutheil*, et une série de *lampes*, genre d'industrie qui se perfectionne dans les détails, et où, depuis quelques années, se sont opérées des baisses de prix. — Citons les lampes hydrostatiques de MM. *Thilorier* et *Serrurot*; — A pression constante de MM. *Catez*, *Gagneau*, n. 552; — A mécaniques de *Mangal*; — Hydrauliques de *Bernet*; — A bouchons hermétiques et à courant d'air de *Cabeu*; — Mécaniquées de MM. *Barrault* et *Dehennault*; — Oléarigaz de *Lamy* et *Levent*;

— Mécaniquées de *Décourt*, de *Bonnet*; — Carcel simplifiées de *Grivard*; — A fond tournant de *Coëssin*, de *Rouen* et Cᵉ; — A réflecteur de *Cluchet* (ces deux dernières à bon marché), de *Silvant*, de *Châtel* jeune (ce sont celles de Carcel perfectionnées); — Mécaniques de *Dombrowschi*, placées à l'extrémité de la première table en face les PILASTRES nᵒ 8.

Sur l'autre table qui fait suite on trouve les produits de nos meilleurs horlogers, *H. Robert, Le Roy* fils. — Les chronomètres si renommés de M. *Motel*. — Les montres à précision de M. *Bourdin*. — Les pendules à réveil de M. *Briet*. — Un nécromètre de M. *Jacob*. — Les montres de M. *Raymond*. — Les pendules à mouvements invisibles de M. *Mallat*; — Celles à équateur de M. *Bergognant*. — Les régulateurs-pendules de M. *Brocot*. — Les montres de M. *Petit*. — Les pendules de M. *Duchemin*. — Les échappements de M. *Démard*. — Les montres de M. *Benoît*, — Et l'orfévrerie émaillée de M. *Wagner*, où l'on remarque des morceaux d'un très bon goût.

Les tables ayant deux faces, nous sommes obligés maintenant de partir du point H, et d'aller au point F pour voir ce qui se trouve du côté opposé.

Là nous trouverons, sur la première table, beaucoup d'objets d'horlogerie remarquables, tels que les compteurs de M. *Winnert*; les montres de *Blondeau*; les échappements à force constante de *Vérité*; les chronomètres de *Rozé* et de *Dumontier*; les réveils sans rouages de *Carbonnier*; la pendule mystérieuse de *Robert Houdin*; — Celles de MM. *Hanriot, Vaucher Delacroix, Raingo, Le Paute* jeune, *Menoud, Paul Garnier*, qui excelle pour l'horlogerie de précision; *Galleran* et *Letourneur, Allain*, et *E. Roger*. Ces derniers objets sont très remarquables à cause des prix modérés de chacun d'eux ; ce qui n'exclut pas la bonne confection. — Parmi les objets cités on distinguera le cliquetage muet et les clefs de montre mécaniques de M. *Brisbart-Gobert*, et la machine de M. *Deshayes*, qui fait une bourse en une heure avec les points de rose.

Sur l'autre table sont disséminés des instruments de précision ou de physique exposés par MM. *Kruines, Huette, Assier-Perricat, Danger, Margras, Bunten, Brunner, Chauvin, Purce-Hubert, Delaborne, Dinocourt, Bourbouze, Boeringer, Richer, Lecrosnier, Sedille, Biet, Bodeur, Neuber, Dericquehem*, etc.

Pour apprécier maintenant les objets placés dans les pilastres du milieu, descendons la ligne FH, et nous trouverons à notre gauche d'abord les pianos et harpes de M. *Erard*, PILASTRES n° 15. — Les orgues de MM. *Cavaillé Coll* et *Allard*. — L'accordéon de M. *Gautier*. — Les pianos de MM. *Lodé* et *F. Jofroy*, PILASTRES n° 13. — Dans les PILASTRES n°s 11, 9, 7 et 5, une suite de pianos de MM. *Guerber, Le Blanc, Soufleto, Domeny, Boisselot, Rosselen, Cluesmann, Link* et *Rinaldi*, parmi lesquels se trouvent aussi des harpes, l'orgue expressif de M. *Muller*, etc.

Dans les deux derniers PILASTRES, n°s 3 et 1, sont placés des objets de toute autre nature ; les instruments ou modèles de MM. *Loiseau, Marloye, Delamarche*. — L'orfévrerie de M. *Gandais*, un de nos premiers orfèvres. — Les objets en bronze de MM. *Quesnel, Chaumont* et *Marquis*.

Du PILASTRE n° 1 on doit venir se placer au point J

pour suivre la ligne JG , d'où l'on verra dans les mêmes pilastres, du côté opposé, l'orfévrerie de M. *Veyrat*. — Les bronzes d'église de M. *Jansse*. — Les objets de M. *Giroux* (pilastres n. 29). — Le prompt-copiste. — Les lampes *Carreau* (pilastres n. 27). — Les lampes de M. *Breuzin*. — Les pianos de MM. *Hesselbein* et *Wetzels;* — Et le pupitre improvisateur de M. *Keller* (pilastres n. 25). — Dans les PILASTRES nᵒˢ 23, 21, 19 et 17, sont les pianos de MM. *Bernhardt*, *Wiering*, *Bell* père et fils, *Wölfel* et *Laurent*, *Montal*, *Roller* et *Blanchet*, *Roger*. — C'est à l'un des pianos de MM. Roller et Blanchet qu'on pourra voir le mécanisme avec lequel toute personne, sans être musicienne, peut accorder un piano.

Avant de reprendre dans le sens inverse la ligne GJ , pour passer en revue les objets de la seconde rangée de tables , on s'arrêtera devant l'exposition remarquable de M. *Gavard*, composée de ses ingénieux instruments (parmi lesquels on distingue le *diagraphe*), et d'une série de planches gravées par ses procédés, représentant les copies d'un grand nombre de tableaux de Versailles ; puis, à sa gauche, sont placés un grand nombre d'instruments de musique, les flûtes de MM. *Tulou*, *Busset* fils, *Lefèvre*, *Bellissent*, *Laurent*. — Les clarinettes de MM. *Godefroy*, *Martin*, *Hérouart*, *Buffet* jeune, *Le Roux*. — Les cors de MM. *Raoux*, *Guichard*. —Les guitares de MM. *Lacote*, *Laprévolte*. — Les cornets à pistons de M. *Courtois*. — Les hautbois de M. *Triebert*, etc. Par cette nomenclature on voit que presque tous les instruments à vent sont représentés , et l'on sait que c'est une branche de notre industrie qui s'est bien perfectionnée depuis quelques années.

En passant à l'autre table, et toujours dans la même

direction GJ, nous y verrons l'orfévrerie et la bijouterie, sous mille formes diverses, de MM. *Morel, Hallot, Ta-foureaux, Vautier, Richard.* — Les lampes de MM. *Laurens, Chabrié.* — Les bronzes de M. *Braux d'Anglure*, etc., etc.

Du point L, où nous sommes, nous suivons la ligne LE, et nous aurons alors à citer une série d'objets appartenant à la bijouterie fausse ou d'imitation, parmi lesquels il est juste de distinguer les émaux de M. *Geneston.* — Les pierres fausses de MM. *Enslen, Truchy, Maréchal, Delamarre, Hauberg, Raynaud, Gaussant-Saivres, Elkington, Mourey, Gondelier*, etc.

Et, sur l'autre table, le complément des instruments de précision et de musique, et notamment des instruments à cordes. Parmi les premiers nous citerons ceux de MM. *Chevalier-Vincent, Deleuil, Rossin*, et, parmi les seconds, les archets de M. *Peccatte*, les pistons de M. *Derazey*, les guitares de MM. *Ferry, Anciaume*, etc., etc.

Arrivé au point E, nous n'avons plus, pour achever l'examen de cette salle, qu'à parcourir la ligne EL, sur laquelle ont été réunis des objets très beaux et d'un grand prix.

Dans les PILASTRES 52 à 42 inclusivement sont placés les pianos de nos meilleurs facteurs après ceux déjà cités, tels que MM. *Pape, Érard, Pleyel*, etc. On y trouve en effet les pianos de M. *E. Pfeiffer, Baudouin, Bordeaux, Hertz, Kriegelstein, Limonaire, Giroud, Thomas, Eslanger, Marvan-Devenler, Mercier, Alexandre, Frank, Gardon, Biersteds, Reinjets, Grus, Massard*,

Côte, Clara-Marqueron. Cette longue liste prouve combien la ville de Paris exporte de ces instruments.

Aux PILASTRES n° 44 sont les produits de M. *Pinsonnière*, considérablement répandus dans le commerce; — Ceux de M. *Lacarrière*, l'un de nos fabricants les plus recommandables; — Et ceux de M. *Toy* (les porcelaines de fantaisie), qui est parvenu à appliquer avec beaucoup d'art les ornements en bronze à la porcelaine. Nous donnerons sur ses procédés une notice détaillée.

En face, dans les PILASTRES n° 46, sont renfermés les beaux produits de M. *Thomire*, qu'il suffit de nommer pour rappeler ce que la richesse de la composition, le goût le plus pur, réunis à une parfaite exécution, peuvent produire. — Parmi la foule d'objets que nous pourrions citer, nous nous bornerons à faire remarquer le surtout du milieu, les pendules, les lustres et les grands candélabres. Notre ouvrage sera orné des dessins de ces charmants modèles.

GRANDE GALERIE TRANSVERSALE

RÉGNANT LE LONG DE LA FAÇADE,

Où sont placés les restes des objets qui appartiennent aux divisions précédentes.

Tout ce qui précède fait connaître sommairement les objets classés dans les 7 salles de l'édifice, selon les quatre divisions adoptées dès l'origine. Il en est une huitième qui règne dans toute la longueur de la façade, et qui, servant de vestibule à toutes ces divisions, a hérité un peu de chacune d'elles : car on y trouve depuis des eustaches à 2 cent. jusqu'à des glaces de 10 mille francs. C'est par cette galerie que nous terminerons notre description ; et, pour éviter la confusion, nous parcourrons la ligne NM, en examinant d'abord les produits placés à notre droite, et ensuite ceux qui sont distribués sur les tables placées à gauche. — Les pilastres de cette galerie ont aussi des numéros d'ordre qu'on retrouvera sur le plan.

Au point de départ N se trouvent, dans les PILASTRES n° 48, les portefeuilles très soignés de M. *Fanoux*. — Avant d'atteindre les PILASTRES n° 38, on passe devant les produits de MM. *Berthet* et *Peret*, où l'on distingue une belle toilette en argent et ses accessoires ; puis l'orfévrerie de M. *Balaine*, où l'on remarque un *thé* évalué, dit-on, 18 mille francs.

Entre les PILASTRES n°⁵ 38 et 36 les artistes contempleront la Bacchante de M. *Quesnel*.

A côté, les produits en carton-pierre de MM. *Wallet* et *Huber* présentent de charmants modèles.

Dans les PILASTRES n° 34 sont placés la pendule de M. *Viteau* (style de la renaissance). — Les objets de table de M. *Moussier-Fièvre*, confectionnés en *minofor*. — Les lampes de M. *Collin*. — Les bronzes de M. *Ledure*, qui a toujours tenu un rang distingué parmi ses rivaux ; — Ceux pour l'ameublement, de M. *Paillard* ; — Et les cristaux de M. *Martin*.

Aux PILASTRES nᵒ 32 ont été placés les cuivres estampés de M. *Poncet*, des meubles de M. *Bellangé* (déjà
cité), et les tapis en moquette de MM. *Vayson* frères,
qu'on peut classer parmi les plus beaux de l'exposition.

Nous avons déjà cité avec de grands éloges les tissus
en verre, que nous retrouvons ici en ligne, et devant
lesquels la foule ne cesse de s'arrêter. Après viennent les
impressions en relief de M. *Bonvalet*, parmi lesquelles la
famille royale a fait déjà plusieurs choix. — Les tissus
de M. *Prosper Pimont* (pilastres nᵒ 26). — Les rubanne-
ries et passementeries de M. *Dieutegard*. — Les tissus
brochés de M. *Christofle* (pilastres nᵒ 24); — Et les magnifiques tapis de M. *Sallandrouze*, véritables chefs-d'œuvre, tant pour le dessin que pour l'assortiment des couleurs, et qui occupent tout le fond des PILASTRES nᵒ 22.

Au milieu de la galerie nous trouvons les belles armu-
res de M. *E. Granger*, qui nous rappellent les temps de
chevalerie, et donnent une idée précise de la manière
dont nos paladins combattaient pour leur Dieu et pour
leurs belles.

Les PILASTRES nᵒ 20 renferment des assortiments de
coutellerie, parmi lesquels nous citerons ceux de MM. *Par-
fu*, *Dardet*, *Vallon*, *Laporte*, *Gillet*, *Desportes*, *Vauthier*,
Tournon. — Viennent ensuite les impressions ornées de
dessins colorés à la main avec beaucoup de talent de M.
*****. — Les produits typographiques de mᵐᵉ Vᵉ *Hu-
zard* (pilastres nᵒ 18); — Ceux de M. *Éverat*, qui s'est
classé depuis quelques années à côté de Didot. — Les
éditions illustrées de M. *Curmer* (pilastres nᵒ 16). Avant
et après ces derniers pilastres sont placées la case de M.

Liégard, renfermant des objets de sellerie très soignés, et celle de MM. *Dupont* de Paris et de Périgueux, où les *autographies-écritures* fixeront l'attention des typographes. C'est une invention fort heureuse, et qui a une haute portée; nous en développerons les avantages dans l'ouvrage.

Dans les PILASTRES 14 et 12 on verra les fleurs de MM. *Chagot* frères, objet d'un grand commerce à Paris. — Les instruments de chirurgie de MM. *Charrière*, *Acier*, *Samson*, qui ont placé cette industrie au premier rang.

Dans les PILASTRES n° 10, et qui laissent passage à *la cour*, sont placés d'un côté le lit des pauvres revenant à 5 fr., imaginé par M. *Nicolle*. — Le lit de M. *Valérius* pour l'orthopédie. — Le lit pour les marins de M. *Geslin*; — Et le lit pour les malades de M. *Mellecot*. — Sur le mur on remarquera les parquets mosaïques de MM. *Mazeron* et *Marchesi*.

Des marbres artificiels de M. *Regardin*; les bitumes de couleur de M. *Roux*; les nouveaux pavés de M. *Vouzy*; les cheminées exécutées en marbre en 16 heures de M. *Bourguignon*, ornent les PILASTRES n° 8.

Dans les PILASTRES n° 6 se trouvent de charmantes applications des procédés de M. *Cicéri*, c'est-à-dire des pierres ou des marbres peints, imitant des tableaux.

A côté de ce grand peintre se trouve le buste d'un de nos plus grands mécaniciens. C'est une idée heureuse que de l'avoir placé en tête de la galerie des machines, car il en a beaucoup inventé, et le nom de *Vaucanson* est aussi populaire qu'honoré.

Les amateurs de cheminées nouvelles pourront choisir dans les **PILASTRES** n° **4**, où se trouvent les modèles de MM. *Jacquinet* et *Graux, Hurez,* avec les moulures en tôle de M. *Gauteron.* — Les bronzes ciselés de M. *Contamine.* — On passera devant les modèles d'architecture de M. *Duclaux*, fruits d'une patience infatigable, et l'on arrivera en face les derniers **PILASTRES** n° **2**, où se trouvent l'horlogerie de M. *J. Wagner* et le point M de la ligne que nous venons de parcourir.

Le visiteur doit suivre la même ligne MN, en allant au rebours, pour examiner les objets distribués sur les tables placées au milieu de la galerie. A ses yeux se présenteront d'abord les monuments antiques du Midi, exécutés en liége par M. *Pelet.* — Les échantillons des cuivres étirés de M. *Pompon;* — Et, sur la table qui suit, les équipements militaires de M. *Ant. Dida.* — Les meubles en fer creux de M. *Gandillot*, dont il a fait une industrie nouvelle et susceptible d'un très grand nombre d'applications, toutes plus utiles les unes que les autres. — Les lits de MM. *Bainée, Demay* et *Poncet.* — L'appareil pour les bains de vapeur de M. *Azur.* — Les billards de MM. *Foucault, Barthélemy, Plenel, Chéreau* et *Cosson*, très remarquables par leur richesse, et notamment celui de M. *Barthélemy*, où la table est tout entière en ardoise, ce qui doit être une amélioration. — Les sculptures très délicates de M. *Martin* sont placées à côté de la table qui suit, où, d'un côté, se trouvent la coffreterie pour voitures de M. *Dunet.* — Les caleçons et corsets de sauvetage de M. *Masson.* — La layeterie très soignée de M. *Fanon.* — Les plumeaux économiques de M. *Loddé*, et la sellerie de M. *Godillot.* Sa malle-nécessaire atteste qu'il a fait faire des progrès à cet art.

M. *Graveleau*, son concurrent, est placé sur la table qui suit, et où sont réunis les billards de MM. *Descayrac et Bouhardet*, ainsi que les porcelaines opaques de M. *Lebeuf.* Arrivé au milieu de la galerie, on y remarque une belle horloge de M. *Wagner.* Elle précède la table devant laquelle on s'arrête pour admirer les belles glaces de *Saint-Gobain* non étamées, présentant une surface de 66 centimètres sur 48 ; — Et, à l'autre extrémité, celles de *Saint-Quirin*, qui rivalisent avec les premières. — Entre ces deux glaces sont placés les meubles de M. *Marin*, et les velours peints de M. *Vauchelet*, toujours dignes de la réputation déjà acquise. — Devant la glace de Saint-Quirin, M. *Marret* a exposé un fort beau diadème, d'une valeur de 70 mille francs, monté avec un goût et une dextérité toute française.

Les porcelaines de fantaisie de M. *J. Petit*, les bronzes florentins de M. *Th. Parquin*, et la verrerie de MM. *Plaine, de Walsch* et *Wallezys-Thal*, garnissent la table suivante, après laquelle vient le buste du Roi, exécuté en bronze par M. *Ravrio.*

Sur la table qui suit sont exposés un grand nombre d'objets, parmi lesquels dominent les cristaux et les verreries. En tête se trouvent les cristaux de *Saint-Louis*, l'une de nos fabriques les plus distinguées.—Les porcelaines ou cristaux de MM. *Clauss, Chapelle, Vion,* vᵉ *Langlois, Julienne-Moreau, Simon, Louault, David Johnston* et *de Bacarat.* N'oublions pas d'énumérer les produits des *Sourds et Muets*, car eux aussi ont payé un tribut qui atteste toute leur intelligence et leur adresse.

Les yeux se reposeront avec plaisir sur une charmante statue fondue par M. *Quesnel* (Souvenir de Naples), et qui précède la dernière table sur laquelle sont, d'un côté, les peignes de MM. *Morize* et *Vitard*. — Les mouvements de pendule de *Pons de Paul*. — Les nécessaires de MM. *Année* et *Hayet*, et les bronzes de MM. *Richard, Eck* et *Durand*.

Avant de prendre la direction opposée de la ligne RN, les visiteurs examineront l'éclairage *Robert*. — L'orfévrerie très remarquable de M. *Aug. Lebrun*. — La verrerie de *Choisy*, qui a exposé de fort beaux vitraux. — Les bronzes de MM. *Soyez* et *Ingé*, parmi lesquels on distingue la *Madeleine*, posée en face d'une seconde statue de M. *Quesnel*; — Et enfin les sculptures et réductions mécaniques de M. *Collas*, dignes des éloges des artistes.

En suivant la dernière ligne RN tracée sur le plan, nous avons pour but de voir ce qui se trouve du côté droit des tables et dans les pilastres qui forment les façades, car il y a des tables où des cloisons sont posées pour séparer les exposants, et il faut nécessairement en faire le tour, pour que rien ne vous échappe.

Sur la première table placée dans cette direction on remarquera à gauche les nécessaires-toilettes de M. *Aucoc*, dont la réputation pour ce genre d'industrie est bien méritée. — Les objets de M. *Gouvrion*. — L'orfévrerie de M. *Froment-Meurice*; — Et les perles fausses de M. *Constant-Valés*, objet que nous verrons bientôt fourni par la mécanique, grâce à l'invention de M. *Le Bedel* (voyez *Salle des machines*, pilastres n. 23), qui aura bien mérité de l'humanité en empêchant des milliers de *souffleuses* de devenir poitrinaires.

Sur la deuxième table les bijouteries et les porcelaines se partagent les places, et l'on trouvera sur la carte les noms des exposants, ainsi que de ceux qui occupent la sixième table.

On se hâtera d'arriver devant les charmantes sculptures exécutées en bois sur un prie-dieu par M. *Boudin*, et, après avoir jeté un coup d'œil sur les toiles et tapis cirés de M. *Seib*, le stuc-bitume de Mme *Bex*, les sculptures en marbre de cheminées de M. *Moreau*, et les marbres de la *Compagnie des marbres des Pyrénées*, qu'on a réunis dans les PILASTRES n° 1 placés au fond de la galerie, on partira du point P pour suivre la ligne PR, et gagner la porte de sortie placée à l'extrémité de cette galerie.

Sur cette dernière ligne sont placés divers objets qui méritent notre attention. D'abord les produits en gomme élastique de MM. *Ratier* et *Guibal* (pilastres n. 3), parmi lesquels on distingue le lit sur l'eau (moyen employé en Angleterre, et qu'on devrait utiliser en France). — Les tapis d'appartements fabriqués sur le métier à tisser par un procédé fort ingénieux, et que nous expliquerons dans notre ouvrage, ainsi que les moyens employés pour *recomposer* le caoutchouc. (Dans ces pilastres sont placés les stores peints par M. *Pastelot*). — Viennent ensuite les cheminées de MM. *Billard, Jacquinet, Noyelle-Bertrand* et *Weyts*, et les parquets à languettes métalliques de M. *Chassang* (moyen fort ingénieux et économique pour les assembler). — Les marbres de MM. *Morel, Durand* et Ce (pilastres n. 5); — Ceux provenant des carrières de Treuxy, et dont un échantillon a servi à confectionner le modèle de l'obélisque de Luxor qu'on voit dans la cour. — La marqueterie d'é-

paisseur illimitée de MM. *Dubois*, *Français* et *Noiron*.
— Les objets en marbre de M. *Cafler*. — Les produits
de la *Néozographie*, ou incrustation de métaux dans le
marbre (pilastres n. 7). — Les parquets à la mécanique
de M. *J. Angé*, et les lits de MM. *Drouin* et *Henry* aîné
(pilastres n. 9). — Les murailles se trouvent ici ornées
des belles lithographies de M. *Thierry* fils, comme, dans
les pilastres suivants, elles le sont des stores peints par
M. *A. Le Roy*, qui dirige avec beaucoup de talent les
travaux de ses ateliers, où affluent des commandes.

Dans les PILASTRES n. 11 la coutellerie domine, et
on y voit les noms de MM. *Lanne*, *Delermoy* et *Lamou-
reux*, *Aubril*, *Frestel*; *Renodier* père et fils, qui se font
remarquer par les eustaches avec lames en acier à 3 c.
et demi; *Cellier*, *Rigaux* et *Chemelat*. — Les modèles en
cire de M. *Fessard* garnissent les PILASTRES nº 13, et,
à côté de ceux-ci, on voit les chevalets mécaniques de
M. *Prugneaux*. — Les sommiers élastiques de M. *Jourdain*, et les fauteuils de M. *Granié*. — Au dessus sont
placés les beaux vitraux de M. *E. Thibaud*.

Aux PILASTRES nº 15 sont réunies trois célébrités,
MM. *Firmin Didot*, *Panckoucke* et *Mortelèque*. Ce dernier a fait faire des progrès remarquables à la peinture
sur verre.

Aux PILASTRES nᵒˢ 17 et 19 nous avons remarqué
la zincographie de M. *Kœppelin*, et les fleurs en batiste
de Mᵐᵉ *Aimée*; — La coutellerie de MM. *Pradier*,
Renard, *Le Comte*, *Morize*, *Sabatier*, *Vallon*, etc.; — Et
les produits remarquables de la lithographie de MM. *Le-*

mercier et *Bénard*, ainsi que l'imprimerie en couleurs de M. *Gauchard*.

Avant d'arriver aux PILASTRES nᵒ 21, on aperçoit dans les angles de la porte du milieu les lits en fer de Mᵐᵉ vᵉ *Floret*, et la machine à couper les cylindres de verre de M. *Claudet*.

On s'arrêtera avec intérêt devant un modèle de charpente, tribut qu'a payé à l'industrie la *Société des compagnons*; c'est un exemple utile donné à d'autres corporations, qu'on ne saurait trop imiter. Le jury, en leur accordant des récompenses, jetterait le germe des progrès et de l'émulation dans une foule d'associations où se trouvent des talents modestes, et qui seraient ainsi révélés.

L'orfèvrerie de M. *Hardelet*, les nécessaires de M. *Vedel*, le carton-pierre de M. *Romagnési* jeune et de M. *Tirrarl*, se trouvent aux PILASTRES nᵒˢ 21 et 23. — Les lits en fer de M. *Léonard* et les instruments de M. *Ernst* garnissent les PILASTRES nᵒ 25, après lesquels sont placés les matelas élastiques de M. *L'Huinte.* — Les lits en fer plein de M. *Hurel;* — Et le lit de malade de M. *Simon*.

Les PILASTRES nᵒˢ 27, 29 et 31, renferment les mannequins de M. *Hallé.* — La faïence de M. *Fouque-Arnoux*, l'un des établissements du midi les plus recommandables, ainsi que les porcelaines de MM. *Bouvet* et *Boin, V. Discry.* — Les instruments de précision de M. *Lerebours* et M. *Chevalier*, deux de nos meilleurs opticiens; — Et les globes de M. *Dien*, si utiles pour les écoles.

Les produits de l'*isographie* de M. *Delarue* ornent les murs des PILASTRES nᵒ 29.

Nous retrouvons ici des bronzes exposés dans les PILASTRES nᵒ 35 par MM. *Villemsens* et *Serrurot.*—De l'orfévrerie d'église, exécutée par M. *Paraud.* — Les albâtres peints de M. *Servais*, qui flatteront le goût de beaucoup de personnes. — Les lampes de *Decan* (1); — Et les carton-pierre de M. *Romagnési* aîné, artiste recommandable, et qui crée ses modèles avec un talent distingué. Dans les pilastres n. 33 on a placé contre le mur les peintures sans odeur de M. *Gavrel*, et les vitraux de *Chatou.*

On a mis les lits en fer de M. *Geslin* et les matelas de M. *Dupont* dans les angles des PILASTRES nᵒˢ 35 et 37. — Entre ces derniers sont les porcelaines de M. *E. Honoré*, l'un de nos manufacturiers les plus instruits dans cette partie, et les stores de M. *De Gatigny.*

Arrivé à ce point R de notre dernière ligne, le visiteur a tout parcouru, tout vu, sans avoir excepté un seul pilastre, une seule table, une seule case, et sans avoir fait de son temps une perte réelle. Il trouve une sortie à l'extrémité de la galerie, ordinairement ouverte à l'heure de 4 heures, où tout le monde se retire.

Il est inutile d'ajouter que nous conseillons fort de ne pas faire cette promenade en une seule journée. Cela serait impossible, et, après avoir eu les yeux éblouis, on serait comme rassasié d'avoir passé devant plus de

---

(1) Voyez la notice imprimée sur ces lampes dans le *Recueil de la Société polytechnique*, année 1835.

60 mille objets que renferment les salles. — Si l'on veut jouir de ce beau spectacle, et retirer un vrai profit de ces promenades, il faut consacrer un jour à chaque salle, et ce sera encore une semaine parfaitement employée : car, si l'on a bonne mémoire, on pourra se rendre un compte exact de la situation industrielle de la France, et des progrès que tous les arts et métiers ont faits depuis 5 ans.

CHANGEMENTS SURVENUS

Pendant l'impression de ce Guide.

—

Ces changements étaient inévitables; ils ont eu lieu durant le cours du mois de mai, temps pendant lequel on a converti en salles deux cours, et ménagé dans l'une d'elles l'exposition du Haut-Rhin. Aussi a-t-on le droit de ne considérer l'exposition *complète* qu'à dater du 1er juin, et c'est ce qui fait espérer à beaucoup de personnes, et surtout aux étrangers, qu'elle se prolongera jusqu'à la fin de *juillet*, pour lui donner en réalité la même durée qu'ont eue toutes les autres. Il n'y avait pas même pour celles-ci des motifs aussi puissants que ceux qu'on pourrait faire valoir aujourd'hui, et que le bon sens public a déjà mis en évidence.

Enumérons ces changements.

Cour. — A l'extrémité de cette cour, la partie du second hangar a été utilisée. On y a placé à gauche le calorifère *Irroy*. — Un modèle de voitures de M. *Laubépin*, appelées *hexicles*. — La calèche inversable de M. *La-cour*. — Les inventions de M. *Kermarec*. — Les calori-fères de M. *Laury*. — Le beau modèle de locomotive de MM. *Schneider* frères, qui présente une exécution par-faite, etc. — Et, à droite, la voiture de M. *Fusz*, à ressorts et à doubles pincettes. — Un modèle de chaises roulantes de M. *Glaize*. — La voiture dite *vourms* de M. *Fimbel*. — La voiture à ressorts à air comprimé de M. *Raulin*, et la voiture du maréchal *Soult*, celle qui a figuré au couronnement de la reine d'Angleterre.

Salle n° 3. — Les pilastres qu'occupaient les produits de Mulhouse renferment maintenant les produits de MM. Gobert, Limage-Pincon, Paul Godefroy, Wacrenier-Delvinquier, Degrendel, Prus-Grimonprez, Fevez–Des-tré et Cᵉ, Florentin Cocheteux et Henri Delattre.

Salle n° 6. — On a menagé à l'extrémité de la salle un grand emplacement, où l'on a pu développer d'une manière convenable les produits aussi beaux que variés du département du Haut-Rhin. Les noms du plus grand nombre d'exposants sont indiqués sur la carte statistique de ce *Cicérone*. Nous eussions été peiné, si nous avions été obligés de les passer sous silence. Au milieu de cette salle un carré a été réservé pour placer les produits re-marquables de MM. *Begué* fils et *Feray*, et, à son entrée, se trouve un modèle de la presse monétaire de M. *Thon-nelier*.

JURY DÉFINITIF. — BUREAU. — COMMISSION.

—

Le nombre des membres du jury dont nous avons donné la première liste page 12 a été augmenté. On y a ajouté

MM.

Arago, membre de l'Institut et de la Chambre des députés.

Berthier, membre de l'Institut, directeur de l'École des mines.

Bonnard, membre de l'Institut.

Carez, négociant.

Chevreul, membre de l'Académie des sciences.

Combes, professeur à l'École des mines.

Dumas, membre de l'Académie des sciences.

Durand (Amédée), ingénieur-mécanicien.

Griolet (E.), membre du Conseil général des manufactures.

Legros (Alex.), négociant.

Mathieu, membre de l'Institut et de la Chambre des députés.

Michel Chevallier, conseiller d'état, ingénieur des mines.

Mouchel (de l'Aigle), membre du Conseil général des manufactures.

Savary, membre de l'Institut.

—

Exposition de 1839.   7   (7e *Livraison*.)

Président du jury central, M. Thénard (baron).
Vice-Président, M. Dupin (baron Charles).
Secrétaire, M. Payen.

—

Commission des tissus : MM. Barbet, Blanqui, Bosquillon, Carez, Cunin-Gridaine, Girod (de l'Ain), Griollet, Kœchlin, Legentil, Meynard, Petit, Sallandrouze, Schlumberger, Yvart.

Commission des métaux et autres substances minérales : MM. Dufau, Dumas, vicomte Héricart de Thury, Mouchel, baron Séguier.

Commission des machines : MM. le baron Charles Dupin, Griollet, vicomte Héricart de Thury, Pouillet, baron Séguier, Kœchlin, Savart, Tarbé de Vauxclairs, Yvart.

Commission des instruments de précision et des instruments de musique : MM. Pouillet, Savart, baron Séguier.

Commission de chimie : MM. Brongniart, Clément Desormes, Chevreul, Daru, Dumas, Gay-Lussac, Payen, baron Thénard.

Commission des beaux-arts : MM. Beudin, Blanqui, Brongniart, Delaborde, Fontaine, Paul Delaroche, Renouard, Sallandrouze.

Commission des poteries : MM. Beudin, Brongniart, Daru, Gay-Lussac, de Saint-Cricq, baron Thénard.

Commission des arts divers : MM. Barbet, Bosquillon, Carez, Chevreul, Clément Desormes, Delaborde, Dumas, Legentil, Meynard, Payen, Renouard, Schlumberger.

Vᵉ Section.

RÉSUMÉ.

—

Si l'on récapitule dans son esprit les divers objets exposés dans chaque salle, il résultera de leur rapprochement une *statistique des progrès* faits dans chaque art. Nous en traçons ici une esquisse, car le peu de temps que nous avons eu pour rédiger ce Guide (1) est pour nous une excuse bien légitime si nous oublions des choses ou des personnes.

Dans la *salle des machines* et la cour qui en est un annexe plusieurs faits ont été constatés. 1° Il y a progrès dans la *construction* des machines à vapeur et des locomotives. Un grand nombre de mécaniciens ont soigné les détails, les ajustages, et plusieurs ont fait des modifications ingénieuses aux systèmes connus. 2° Plusieurs machines ou appareils nouveaux ont paru, tels que le *lévigateur* de M. Pelletan. — La machine à *cuire dans le vide.* — La turbine de M. *Fourneyron.* — Le grenier mobile de M. *Vallery.* — La machine à broyer les cou-

---

(1) Pour le rendre complet, il fallait nécessairement y joindre la description des nouvelles salles, et l'on sait qu'elles n'ont été terminées qu'à la fin de *mai :* c'est ce qui nous a porté à dire que, quand même l'exposition serait prolongée jusqu'à la fin de juillet, sa durée ne serait que de 2 mois.

leurs de M. *Hertmann*, ainsi que ses machines à découper le caoutchouc. — Le polissoir mobile de M. *T. de la Garenne*. — La pérotine de M. *Pérot*. — L'appareil de M. *Thilorier* pour la liquéfaction et la solidification de l'acide carbonique. — Le métier pour purger et ouvrir les soies. — Le battant à espolins brocheur de MM. *Godemard* et *Meynier*. — La machine à faire des perles de M. *Le Bedel*. — La machine de M. *Esprit*. — Le métier si remarquable de M. *Arnaud*, qui a été placé derrière la statue de *Vaucanson*. — Les affutages et rabots de M. *P. Désormeaux*. — La machine à battre le trèfle de M. *Léonard*. — Le pressoir à vin de M. *Benoît*, etc.

Les arts métallurgiques ont été enrichis des découvertes faites par MM. *Desbassyns de Richemont*, relatives aux soudures *antigènes*, ou aux soudures du plomb *sans étain* ; par M. *Barré* pour l'affinage de la fonte, qui la convertit en fer plus doux et plus malléable que le fer forgé; par M. *Sorel* pour sa galvanisation du fer.

3º Il y a progrès dans l'art du chauffage, et ils sont constatés par les calorifères de M. *Perrève*, les calorifères éclaireurs de M. *Irroy*, et plusieurs modèles de cheminées très bien combinées.

4º Il y a également progrès dans l'art céramique, appliqué à nos bâtiments, à nos cheminées, à plusieurs besoins domestiques. (Voyez les produits de M. *Courtois*, de M. *A. Fonrouge*, de M. *Duval*, etc.)

Salle des objets divers. — Les améliorations les plus importantes sont celles qui concernent les lampes, les instruments d'orthopédie, les produits chimiques et les armes à feu. Parmi ces armes il faut surtout noter les carabines de M. *Delvigne*, le mousqueton de M. *Le-*

page. Ajoutons-y les nouvelles *poires à poudre* et les chaussures de M. *Gagin.*

Salles des tissus. — Il y a progrès notables dans quelques genres de fabrication , et il y trois ou quatre fabrications nouvelles. On en voit des échantillons dans les produits de la ville de Lyon, dans les pilastres qui renferment les tissus en verre , et dans l'exposition de M. *Despreaux.* Nous les ferons connaître en détail dans notre ouvrage.

Salles de l'ébénisterie et des tapis. — En général , les exposants ont fait preuve de goût dans cette double branche d'industrie. Les formes sont nobles et sévères , les ornements bien choisis , et chaque meuble a des accessoires fort utiles. Les tapis , surtout ceux de MM. *Sallandrouze* et *Vayson* et Cᵉ , sont admirables.

Salle des objets d'art et de luxe. — Cette exposition spéciale prouve que nous sommes toujours en première ligne pour la fabrication des bronzes ; que nous pouvons faire de l'excellente horlogerie à très bon marché (voyez l'exposition de M. *E. Roger*) ; que nous améliorons toujours nos instruments de musique ; qu'il y a progrès notables dans la construction des orgues d'églises , et dans une foule d'arts qui se rattachent au *décors.* Voilà ce qui explique pourquoi on aura toujours recours au goût français lorsqu'il s'agira de meubler ou d'orner des palais , des hôtels, des maisons de luxe, etc.

Il suffit d'être Français pour parcourir avec un plaisir mêlé d'orgueil les galeries que nous venons de décrire sommairement. Qu'on aille le matin, après que toutes les salles ont été balayées, arrosées, et qu'on peut jouir de la fraîcheur qui provient de cet arrosage; qu'on aille, disons-nous, faire la promenade dont nous venons de tracer l'itinéraire, et l'industriel comme le moraliste, le manufacturier comme le consommateur, éprouveront une bien douce satisfaction en se trouvant au milieu de tout ce que le pays le plus riche, le plus civilisé, le plus instruit de la terre, a produit de mieux, de plus parfait depuis cinq ans que le concours est ouvert. Sans même se prêter à l'illusion, sans être doté d'une imagination de poëte, on éprouve des émotions réelles, pour peu qu'on remonte aux sources des produits qu'on considère !

Que de bras employés, se dit-on, que de familles vivant dans une honnête aisance, que d'hommes enlevés à l'oisiveté, à la débauche, au crime, peut-être, parce qu'ils se sont livrés aux travaux des ateliers ! Combien d'intelligences mises en jeu ! quelle noble rivalité a éclaté entre les chefs, les ateliers, les manufactures, les villes, les départements.......! Et tout cela au profit de la patrie. Quel mouvement commercial, quelle circulation de numéraire pour que toutes les dépenses soient réglées, et les profits réalisés ! Combien, enfin, de talents modestes, de capacités inconnues, quoique grandes, de génies même, ont présenté des inventions, des perfectionnements de tous les arts dont l'exposition nous offre l'ensemble ! Pourrait-on considérer ce tableau sans être ému ?

Il y aurait de l'ingratitude de la part du public, de la

párt surtout des exposants, à ne pas se rappeler qu'on doit une partie de ces jouissances à l'ordre qu'a mis l'administration à la classification qu'elle a adoptée pour l'arrangement de ces innombrables objets. Le public est plus qu'insouciant; il est ingrat... Rendons justice à chacun.

C'est M. *Martin* du Nord qui a contre-signé l'ordonnance relative à l'exposition; deux autres ministres s'en sont occupés, MM. *Gasparin* et *Cunin-Cridaine*. La direction administrative a été confiée à M. le conseiller d'état *Vincent*, dont les connaissances pratiques et commerciales sont aussi étendues que variées, et les détails ont été renvoyés au chef du bureau de statistique, à M. l'architecte du ministère, et à M. *Le Dieu*, inspecteur.

Sans contredit, c'est sur ce dernier qu'ont pesé le plus la responsabilité, les peines et les soins minutieux qu'a exigés l'ensemble des travaux à exécuter dans les galeries. Peu de personnes s'en sont rendu compte, et il suffit de les énumérer pour convenir qu'il faut une patience à toute épreuve, un sang-froid rare et une tête bien organisée pour suffire aux innomblables demandes dont M. *Le Dieu* a été assailli avant et pendant l'exposition.

Recevoir tous les colis, vérifier toutes les factures; assister à l'ouverture des caisses, pour empêcher que rien ne se brise ou ne se démonte; classer au fur et à mesure chaque objet à la case indiquée; n'accorder ni trop ni trop peu de place à chacun de ces objets, pour que tous les produits analogues soient renfermés dans l'espace assigné; empêcher sans cesse l'envahissement de ces mêmes places, parce que chacun croit devoir mé-

riter la préférence sur ses voisins ; distribuer et mélan-
ger les produits, pour qu'à la fois l'art, le goût et les
convenances soient satisfaits ; mettre à distance des concurrents rivaux, pour que les rapprochements ne soient
pas trop faciles ; laisser entre chaque chose des espaces
bien calculés, pour que la circulation soit possible, l'étude
du modèle profitable, et le plaisir de tout voir complet ;
enfin être responsable, vis-à-vis de 3,348 personnes,
d'un dépôt qu'on peut évaluer au moins à plusieurs
dizaines de millions, telle est la longue série de conditions qu'il fallait remplir pour arriver au résultat dont
le public jouit aujourd'hui.

Pour le guider dans ses visites journalières, nous a-
vons conçu une carte dont il nous reste à donner l'explication pour compléter ce *Cicérone*.

VIᵉ Section.

*Explication de la Carte statistique et nominative
de l'Exposition.*

Une telle carte était indispensable. Nous l'avons ren-
due aussi complète que possible. Elle est plus exacte que
le texte, parce qu'elle a été faite la dernière. Son échelle
est telle, que les détails et l'ensemble se saisissent facilement. Notre fil d'*Ariane* est ici la réunion des lignes ponctuées, tracées sur le plan dans chaque salle. En
regard sont les *noms des exposants*. Nous eussions vi-

vement désiré les y mettre tous; mais l'espace ne nous
l'a pas toujours permis. Quelques uns étaient trop longs
pour les graver; d'autres nous eussent forcé de changer
la place respective qu'ils devaient avoir entre eux : car
on remarquera que ces noms ne sont pas posés au ha-
sard; ils sont en général placés à l'endroit même où sont
exposés les objets, ou dans le voisinage assez rapproché
pour que chacun reconnaisse sa position.

Nous espérons que le fruit de nos peines ne sera pas
perdu, et, si nous devons en croire les éloges qu'un
grand nombre d'exposants ont accordés à ce travail con-
sciencieux, cette carte sera recherchée, et chaque exposant voudra l'avoir dans son cabinet ou dans sa manufacture...... « *J'assistais à cette fête de l'exposition,*
pourra-t-il dire à ses fils, *et la preuve, c'est que voilà
mon nom gravé sur une carte dressée sur les lieux, sous
les yeux de l'autorité, et qui a un caractère officiel.* »

Pour l'exposition de 1834, nous avions exécuté un
semblable travail, mais sur quatre plans séparés. Cette
année, il eût été trop long de graver séparément sept
plans divers, et il nous a paru plus pittoresque de réunir
toutes les galeries sur un seul plan.

C'était une justice de rappeler en tête que cette
exposition, faite à Paris, l'avait été sous l'administration de M. le comte *de Rambuteau,* préfet de la Seine :
car ce magistrat montre en toute occasion la plus vive
sollicitude pour les inventions et les perfectionnements
propres à embellir ou à assainir la capitale, et à amé-
liorer le sort des classes pauvres. C'est l'objet constant
de ses études et de ses travaux.

Si ce *Cicérone* est bien accueilli, nous regrettons, surtout pour les étrangers, qu'il n'ait pas paru plus tôt ; mais ce n'est qu'à la fin du mois que les salles ont été complètes : nous n'avons donc eu que trois semaines environ pour terminer la gravure et le texte, et, certes, ce n'était pas trop.

AVIS A MM. LES EXPOSANTS.

Ce guide ou *Cicérone* n'est que la première partie de l'ouvrage que nous devons publier sur l'exposition de 1839. — MM. les exposants ont été prévenus par notre circulaire qu'il était de leur intérêt de nous envoyer promptement leur notice. Moyennant une indemnité de 15 fr., ils ont le droit d'avoir un article que le comité de rédaction compose et insère dans la *Description industrielle et artistique.*

Un assez grand nombre de livraisons est déjà imprimé, et l'ouvrage sera terminé dans un court délai. — L'Historique de l'*Exposition de* 1834 avait été long-temps retardé par la faute même des exposants, et à cause du mode adopté dans sa rédaction, qui nous astreignait à l'ordre alphabétique et technologique. Nous nous sommes affranchis de ces entraves, et nous pouvons aujourd'hui imprimer au fur et à mesure que la rédaction de chaque article est arrêtée.

L'ouvrage coûtera 20 fr. pour Paris, 26 fr. pour les départements, et 30 fr. pour l'étranger. Les gravures se font aux frais de la direction, et toute chose utile est gravée.

Ceux de MM. les exposants qui n'ont pas encore retiré des bureaux de l'administration les tomes 3 et 4 du *Musée industriel* de 1834 qui leur revenaient sont invités à les retirer ou à les faire prendre par leurs correspondants. On leur a expliqué dans une circulaire les motifs de cette mesure.

Description des expositions précédentes.

L'historique des expositions précédentes doit vivement intéresser les exposants. Huit ont précédé celle de 1839 ; elles font l'objet de trois ouvrages différents publiés par la *Société Polytechnique.*

Le premier, sous le titre de *Description des expositions des produits de l'industrie française,* comprend les années 1798, 1801, 1802, 1806 et 1819. (4 vol. ornés de 48 planches.) Prix : Paris, 20 fr.; départements, 25 fr.; étranger, 30 fr.

Le deuxième présente l'état général des artistes et des fabricants admis aux expositions de 1823, 1827 et 1834, avec la désignation succincte des objets présentés par eux. 1 vol. Prix : 6, 7 et 8 fr.

Le troisième, sous le titre de *Musée industriel,* renferme l'historique de l'exposition de 1834. (4 vol., avec 100 planches.) Prix : 20, 25 et 30 fr.

Ces trois ouvrages, qui forment la statistique des Expositions, font connaître les progrès successifs de l'indutrie.

Recueil industriel ou de la Société Polytechnique.

Ceux qui voudront noter les progrès faits dans les arts et les sciences depuis 1820 jusqu'à ce jour pourront se procurer ce Recueil, qui est, à proprement parler, une *Encyclopédie progressive.* Sa publication comprend :

1re *Division*, sous le titre d'*Annales de l'industrie nationale et étrangère*, de 1820 à 1826 inclusivement, 7 années.

2me *Division*, 1re série, *Recueil industriel,* de 1827 à 1833, 7 années.

2e série, de 1834 à 1837, 4 années.

3e série, de 1838 à ce jour.

On fait une forte remise à ceux qui prennent la totalité de l'ouvrage ; mais, comme la première édition est épuisée, et qu'il ne reste que peu d'exemplaires de la seconde, les collections complètes sont assez recherchées, et il n'en existe qu'un très petit nombre en magasin.

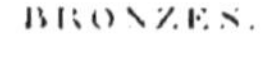

BRONZES.

PORCELAINES.

Dirigé par A. D. Maison

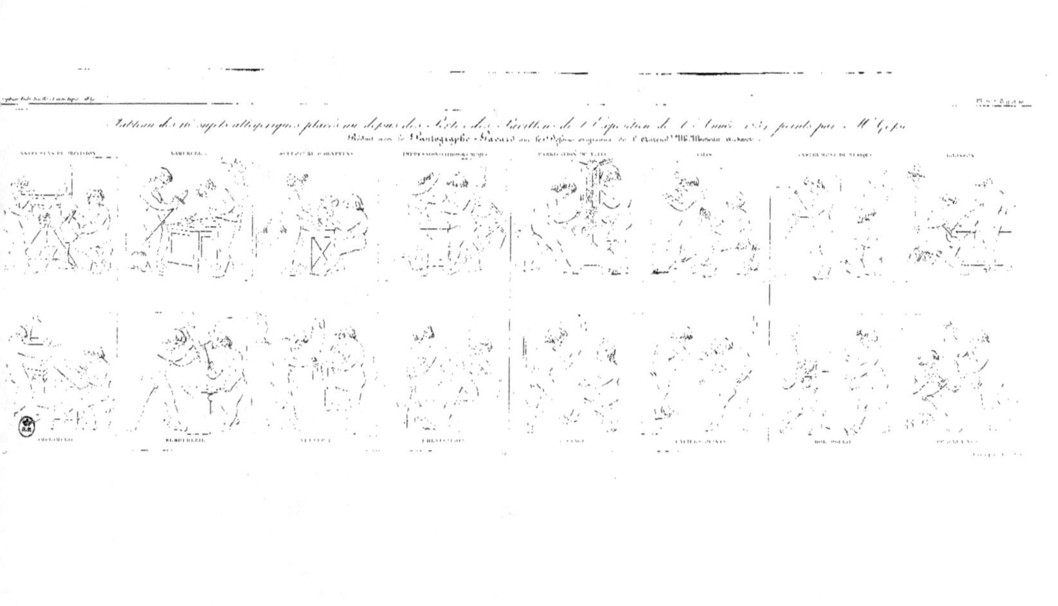

TABLE DES MATIÈRES

DU CICÉRONE.